高等院校计算机规划教材·多媒体系列

3ds Max 2016 中文版应用教程
（第四版）

张 凡 等编著

中国铁道出版社有限公司
CHINA RAILWAY PUBLISHING HOUSE CO., LTD.

内 容 简 介

本书属于实例教程类图书。全书分为 3ds Max 2016 概述，基础对象的创建和基本操作，编辑修改器，复合建模和高级建模，材质与贴图，灯光、摄影机、渲染与环境，基础动画与动画控制器，粒子系统与空间扭曲，视频后期处理和综合实例 10 章。

本书编写层次分明、语言流畅、图文并茂，融入了大量的实际教学经验。配套资源与教材结合紧密，内含书中用到的全部素材和结果，设计精良，结构合理，强调了应用技巧。同时本书配套资源中还包含全书基础知识的电子课件。对教学水平的提高、学生应用能力的培养创造了良好条件。

本书既可作为大专院校相关专业师生或社会培训班的教材，也可作为三维爱好者的自学用书和参考用书。

图书在版编目（CIP）数据

3ds Max 2016中文版应用教程/张凡等编著. —4版. —北京：中国铁道出版社有限公司，2019.6（2020.9重印）
高等院校计算机规划教材. 多媒体系列
ISBN 978-7-113-25805-4

Ⅰ.①3… Ⅱ.①张… Ⅲ.①三维动画软件-高等学校-教材
Ⅳ.①TP391.414

中国版本图书馆CIP数据核字（2019）第093481号

书　　名：3ds Max 2016 中文版应用教程（第四版）
作　　者：张　凡　等

策　　划：汪　敏　　　　　　　　编辑部电话：(010)51873628
责任编辑：汪　敏　贾淑媛
封面设计：付　巍
封面制作：刘　颖
责任校对：张玉华
责任印制：樊启鹏

出版发行：中国铁道出版社有限公司（100054，北京市西城区右安门西街8号）
网　　址：http://www.tdpress.com/51eds/
印　　刷：三河市兴博印务有限公司
版　　次：2008年12月第1版　2019年6月第4版　2020年9月第2次印刷
开　　本：787 mm×1 092 mm　1/16　印张：21.75　字数：424千
书　　号：ISBN 978-7-113-25805-4
定　　价：59.00 元

前言

FOREWORD

3ds Max 2016是由著名的Autodesk公司开发的三维制作软件，已经在建筑效果图制作、计算机游戏制作、影视片头和广告动画制作等领域得到广泛应用，备受影视公司、游戏开发商及三维动画设计爱好者的青睐。

本书属于实例教程类图书，全书分为10章，每章前面为基础知识讲解，后面为具体实例应用。其主要内容如下：

第1章 3ds Max 2016概述，主要讲解了3ds Max 2016的主要应用领域、运行环境和工作界面的构成。

第2章 基础对象的创建和基本操作，讲解了创建基础模型的方法和基本操作。

第3章 常用编辑修改器，讲解了修改器命令面板的构成和常用编辑修改器的使用。

第4章 复合建模和高级建模，主要讲解了常用的复合建模和高级建模的方法。

第5章 材质与贴图，讲解了3ds Max 2016与以前版本在界面上的区别，以及材质基本参数的设定、材质和贴图类型的具体应用。

第6章 灯光、摄影机、渲染与环境，讲解了灯光、摄影机的使用，雾、体积雾、体积光和火效果的制作和渲染器的应用。

第7章 基础动画与动画控制器，讲解了关键帧动画的设置、轨迹视窗和常用动画控制器的使用。

第8章 粒子系统与空间扭曲，讲解了常用的粒子系统和空间扭曲的使用。

第9章 视频后期处理，讲解了利用视频后期处理的界面构成和常用滤镜的方法。

第10章 综合实例，综合利用前面各章的知识，通过一个完整实例，将技术与艺术相结合，旨在使读者理论联系实际，制作出自己的作品。

本书是"设计软件教师协会"推出的系列教材之一，实例典型、内容丰富、结构清晰、讲解详尽、富于启发性。全部实例都是由多所院校（中央美术学院、北京师范大学、清华大学美术学院、北京电影学院、中国传媒大学、天津美术学院、天津师范大学艺术学院、首都师范大学、山东理工大学艺术学院、河北职业艺术学院）具有丰富教学经验的知名教师和一线优秀设计人员从长期教学和实际工作中总结出来的，每个实例都包括制作要点和操作步骤两部分。为了便于读者学习，每章最后还有课后练习，同时配套资源中含有大量高清晰度的教学视频文件，可从中国铁道出版社网站（http://www.tdpress.com/51eds/）的下载区下载。

参与本书编写的人员有张凡、龚声勤、曹子其。

本书既可作为大专院校相关专业师生或社会培训班的教材，也可作为三维动画设计爱好者的自学用书和参考用书。

由于编者水平有限，书中难免存在疏漏与不足之处，恳请广大读者批评指正。

编　　者

2019 年 3 月

目　录

CONTENTS

第1章

3ds Max 2016 概述

在学习 3ds Max 2016 之前，应对 3ds Max 的相关知识有一个整体认识。通过本章学习应掌握以下内容：

- 3ds Max 2016 的主要应用领域。
- 3ds Max 2016 的系统要求和配置。
- 3ds Max 2016 的用户界面。

1.1 认识 3ds Max 2016

3ds Max 是一款非常成功的三维动画制作软件。随着版本的不断升级，3ds Max 的功能越来越强大，应用的范围也越来越广泛，在诸多领域更是有着重要的地位，而且现在越来越多的外部插件使得 3ds Max 更加如虎添翼，在画面表现和动画制作方面丝毫不逊于 Maya、Softimge 等专业软件，而且相比起来，3ds Max 比较容易掌握。

图 1-1 所示为 3ds Max 2016 的启动界面。3ds Max 有着简单明了的操作界面、丰富简便的造型功能、简洁的材质贴图功能、更加便利的动画控制，在学习的过程中更加贴近一些初级和中级的用户。正是基于这些原因，3ds Max 的用户越来越多，也越来越广泛。而且如果把 3ds Max 和其他相关软件相结合使用，即使是电影特技也是可以完成的。通过本书的学习，将使没有接触过的用户了解 3ds Max，使初、中级用户得到一些提高，为以后更加深入地学习、掌握这一强大的工具打下良好的基础。

图1-1　3ds Max 2016启动界面

1.2　3ds Max 2016 的主要应用领域

3ds Max 为各行业（建筑表现、场景漫游、影视动画、动漫角色、游戏角色、机械仿真等）提供了一个专业、易掌握和全面地解决方法。以下是 3ds Max 的主要应用领域。

1．动漫行业

随着动漫产业的兴起，三维计算机动漫片正逐步取代二维传统手绘动画片。而 3ds Max 更是制作三维计算机动漫片的一个首选软件。图 1-2 所示为使用 3ds Max 制作的动漫角色和场景。

图1-2　使用3ds Max制作的动漫角色和场景

2．游戏行业

当前许多计算机游戏中加入了大量的三维动画的应用。细腻的画面、宏伟的场景和逼真的造型，使游戏的可欣赏性和真实性大大增加，使得 3D 游戏的玩家愈来愈多，3D 游戏的市场不断壮大。图 1-3 所示为使用 3ds Max 制作的游戏场景。

图1-3　3ds Max制作的游戏场景

3．电影制作

几乎无一例外，现在制作的电影都大量使用了 3D 技术。图 1-4 所示为使用 3ds Max 制作的电影中的特效和场景。

图1-4　3ds Max 在电影制作中的应用

4．工业制造行业

由于工业变得越来越复杂，其设计和改造也离不开 3D 模型的帮助，例如在汽车行业，3D 的应用更为显著。图 1-5 所示为使用 3ds Max 制作的汽车模型。

图1-5　3ds Max在工业制造行业中的应用

5．电视广告

3D 动画的介入使得电视广告变得五彩缤纷，更加活泼动人。3D 动画制作不仅使制作成本比真实拍摄有明显下降，还显著提高了电视广告的收视率。图 1-6 所示为使用 3ds Max 制作的电视广告。

图1-6　3ds Max在电视广告中的应用

6．建筑行业

3ds Max 在建筑行业的应用有很长的历史，利用它可以制作出逼真的室内外效果图。图 1-7 所示为使用 3ds Max 制作的建筑效果图。

图1-7　3ds Max在建筑行业中的应用

1.3　3ds Max 2016 的用户界面

启动 3ds Max 2016，即可进入用户界面，如图 1-8 所示。

图1-8　3ds Max 2016用户界面

3ds Max 2016 用户界面可分为快速访问工具栏、菜单栏、主工具栏、场景资源管理器、视图区、命令面板、动画控制区和视图控制区 8 部分。

1.3.1 快速访问工具栏

快速访问工具栏位于用户界面的左上方，如图1-9所示，它提供了一些3ds Max 中最常用的文件管理命令以及"撤销场景操作"和"重做场景操作"等命令。此外，用户还可以通过执行菜单中的"自定义|自定义用户界面"命令，在弹出的图1-10所示的"自定义用户界面"对话框中自定义快速访问工具栏的相关工具按钮。

图1-9 快速访问工具栏   图1-10 "自定义用户界面"对话框

1.3.2 菜单栏

菜单栏位于快速访问工具栏的右侧，它包括"编辑"、"工具"、"组"、"视图"、"创建"、"修改器"、"动画"、"图形编辑器"、"渲染"、"Civil View"、"自定义"、"脚本"和"帮助"13个菜单。

1.3.3 主工具栏

主工具栏位于菜单栏的下方，由多个图标和按钮组成，它将命令以图标的方式显示在工具栏中，此工具栏包括用户在今后的制作过程中经常使用的工具，使用起来非常方便。它包括的按钮如下：

- 选择并链接
- 绑定到空间扭曲
- 按名称选择
- 圆形选择区域
- 套索选择区域
- 窗口选择方式
- 选择并移动
- 选择并匀称缩放
- 选择并挤压

- 断开当前选择链接
- 选择对象
- 矩形选择区域
- 围栏选择区域
- 绘制选择区域
- 交叉选择方式
- 选中并旋转
- 选择并非匀称缩放
- 使用轴点中心

使用变换坐标中心   使用选择中心

选择并操纵   键盘快捷键覆盖切换

三维捕捉锁定开关   二维捕捉锁定开关

2.5维捕捉锁定开关   角度捕捉切换

百分比捕捉切换   微调器捕捉切换

编辑命名选择集   镜像

对齐   快速对齐

法线对齐   放置高光

对齐摄影机   对齐到视图

曲线编辑器（打开）   切换层资源管理器

切换场景资源管理器   切换功能区

图解视图（打开）   石墨建模工具

材质编辑器   Slate 材质编辑器

渲染设置   渲染帧窗口

渲染产品   在 Autodesk A360 中渲染

打开 Autodesk A360 库

1.3.4　场景资源管理器

场景资源管理器位于视口布局选项卡右侧，如图1-11所示。使用场景资源管理器可以选择和链接对象，以及更改对象属性（如名称和显示特征），场景资源管理器提供了无模式对话框。可以通过拖放方法操纵层次关系，还可使用各种搜索方法（包括强大的"布尔"编辑器）微调选择。

1.3.5　视图区

视图区占据了 3ds Max 工作界面的大部分空间，它是用户进行创作的主要工作区域，建模、指定材质、设置灯光和摄像机等操作都在视图区进行。

视图区默认有顶视图、前视图、左视图和透视图4个视图，如图1-12所示。

1.3.6　命令面板

默认状态下，命令面板位于用户界面的右侧，包括6个面板，它是3ds Max的核心工作区域，输入和调整参数都需在命令面板中进行，如图1-13所示。

图1-11　场景资源
管理器

图1-12 视图区

创建命令面板

修改命令面板

层次命令面板

运动命令面板

显示命令面板

实用程序命令面板

图1-13 命令面板

1.3.7 动画控制区

动画控制区位于用户界面的右下方，如图1-14所示。它主要用于录制和播放动画以及设置动画时间。它的按钮的功能如下：

■：激活此按钮，可以在当前位置增加一个关键点。这一功能对制作角色动画非常有用，可以使用少量的关键点角色从一种姿势向另一种姿势的变化。

设置关键点：激活此按钮，可以对所选对象的多个独立轨迹进行调整。

自动关键点：激活该按钮，视图中的任何改变都会记录成动画，再次单击该按钮，将关闭动画录制。激活该按钮的快捷键是【N】。

关键点过滤器...：激活该按钮，将弹出图1-15所示的面板，在这里可以设置"全部"、"位置"、"旋转"、"缩放"、"IK参数"、"对象参数"、"自定义属性"、"修改器"、"材质"和"其他"关键点过滤选项。

图1-14　命令面板　　　　　　　　　　　　　图1-15　"关键点过滤器"面板

▶（播放动画）：激活该按钮将开始播放视图中的动画。激活后该按钮将自动切换为 ⏸（停止动画）按钮，单击该按钮将停止播放动画。

▶（播放选定对象）：用于在激活的视图中播放选择对象的动画。如果没有选择的对象，就不播放动画。

◀◀（转至开头）：单击该按钮，时间滑块将移动到当前动画范围的开始帧。如果正在播放动画，那么，单击该按钮，动画就停止播放。

▶▶（转至结尾）：单击该按钮，时间滑块将移动到当前动画范围的末端。

▶▶（下一帧）：单击该按钮，时间滑块将移动到下一帧。

◀◀（上一帧）：单击该按钮，时间滑块将移动到上一帧。

◀（上一关键点）：当激活 ◀▶（关键点模式切换）按钮后，单击该按钮，时间滑块将移动到选择对象的下一个关键帧。

▶（下一关键点）：当激活 ◀▶（关键点模式切换）按钮后，单击该按钮，时间滑块将移动到选择对象的上一个关键帧。

▣（时间配置）：用于设定帧速率、时间显示、播放速度、动画时间和关键点步幅等参数。

1.3.8　视图控制区

视图控制区用于调整视图的大小与角度，以满足操作需要。

视图控制区的按钮会因当前激活视图的不同而有所不同。例如当前激活的是顶、前或左等正视图时，视图控制区各按钮如图1-16（a）所示；当前激活的是透视图时，视图控制区按钮如图1-16（b）所示；当前激活的是摄像机视图时，视图控制区按钮如图1-16（c）所示；当前激活的是灯光视图时，视图控制区按钮如图1-16（d）所示。

（a）　　　　　　　（b）　　　　　　　（c）　　　　　　　（d）

图1-16　视图控制区

下面主要说明一下正视图和透视图情况下的按钮功能：

◉（缩放）：激活此按钮，可以在激活视图中模拟拉近或远离对象。

▣（缩放所有视图）：激活此按钮，可以同时放大和缩小所有视图。

▣（最大化显示）：激活此按钮，可以放大激活视图中的所有对象。

（最大化显示选定对象）：激活此按钮，可以放大激活视图中选中的对象。

（所有视图最大化显示）：激活此按钮，可以放大所有视图中的所有对象。

（所有视图最大化显示选定对象）：激活此按钮，可以放大所有视图中选定的对象。

（缩放区域）：激活此按钮，可以通过拖动鼠标来缩放选定对象。

（平移视图）：激活此按钮，可以通过拖动鼠标来上下左右移动视图。

（环绕）：激活此按钮，可以通过拖动鼠标公共轴来旋转视图。

（环绕子对象）：激活此按钮，可以通过拖动鼠标绕选定对象来旋转视图。

（最大化视口切换）：激活此按钮，可以用当前视图填满屏幕，再次单击该按钮，会重新显示出所有4个视图。

（视野）：激活此按钮，可以改变视野范围。

课后练习

1．填空题

（1）3ds Max视图区默认有_____、_____、_____和_____4个视图。

（2）3ds Max命令面板包括_____、_____、_____、_____、_____和_____6个面板。

2．选择题

（1）按下_____按钮，可以同时放大所有视图中的所有对象。

  A. B. C. D.

（2）按下_____按钮，将会弹出时间设置对话框，在这里可以设定帧速率、时间显示、播放速度、动画时间和关键点步幅等参数。

  A. B. C. D. 关键点过滤器...

3．问答题

简述3ds Max的界面构成。

第2章

基础对象的创建和基本操作

3ds Max 中自带了许多基本的二维图形和三维造型。在创建了基本造型后，通常要对其进行选择、变换、复制和组合等操作。通过本章学习应掌握以下内容：

- 二维样条线的创建和修改方法。
- 标准三维模型的创建方法。
- 扩展三维模型的类型。
- 选择对象的方法。
- 变换对象的方法。
- 复制对象的方法。
- 组合对象的方法。

2.1　二维样条线的创建

3ds Max 提供了二维样条线建模、三维建模、复合建模、网格建模、多边形建模、面片建模、NURBS曲线建模等多种建模方式。其中二维样条线包括的类型并不太多，但却是三维复杂模型最基础的组成部分。3ds Max 包括 12 种二维样条线类型，如图 2-1 所示。

2.1.1　创建线

直线和曲线是各种平面造型的基础，任何一个平面造型都是由直线和曲线组成的。在 3ds Max 中可以使用线工具绘制任意的从起点到终点的二维线条——直线和曲线。

二维样条线又分为开放的和封闭的两种样条线。

1. 开放的样条线

开放的二维样条线的创建过程如下：

图2-1　二维样条线的类型

（1）单击 ▦（创建）命令面板中的 ▦（图形）按钮，进入图形面板。然后单击 ▦ 线 ▦ 按钮，在顶视图上单击，绘制出线条的起始点。接着松开鼠标左键，在另一处单击，从而绘制出第 2 点。此时所绘制的两点之间出现一条直线段。下面再移动鼠标，会看到在光标上仍然连着一条线段，如图 2-2 所示。如果继续单击，则确定出第 3 点；如果右击，则取消了线段的继续操作，这样就绘制了一条开放的二维样条线，如图 2-3 所示。

图2-2　绘制过程中光标连着一条线段　　　　图2-3　绘制后开放的样条线

（2）如果在绘制线条时按住鼠标左键不动，然后拖动鼠标，就会拖出一条曲线。

2．封闭的样条线

封闭的二维样条线的创建过程如下：

（1）首先绘制出一条开放的二维样条线，然后不要取消线的操作，拖动鼠标到起始点位置单击，此时会弹出"样条线"对话框，提示"是否闭合样条线？"，如图 2-4 所示。

（2）单击"是"按钮，即可形成封闭的二维样条线，如图 2-5 所示。

图2-4　"样条线"对话框

图2-5　封闭的二维样条线

2.1.2　创建矩形

矩形工具用来绘制矩形和正方形。矩形的创建过程如下：

（1）单击顶视图使之成为当前视图，然后在 ▦（图形）命令面板中单击 ▦ 矩形 ▦ 按钮。

（2）展开"键盘输入"卷展栏，设置如图 2-6 所示。

（3）单击"创建"按钮，即可创建出圆角矩形，如图 2-7 所示。

图2-6　矩形"键盘输入"卷展栏的设置

图2-7　生成的圆角矩形

> **提示**
>
> 矩形的基本参数只有3个："长度"可设置矩形的长度；"宽度"可设置矩形的宽度；"角半径"可设置矩形的圆角。

（4）修改角半径。单击 （修改）按钮，进入修改面板，调整设置如图2-8所示，结果如图2-9所示。

图2-8　修改"角半径"参数

图2-9　修改后的圆角矩形

2.1.3　创建圆

圆形的创建过程如下：

（1）单击顶视图使之成为当前视图，然后单击 （图形）面板上的 圆 按钮，展开"键盘输入"卷展栏，如图2-10所示。

（2）输入圆心坐标点和圆半径，单击"创建"按钮，即可创建出圆，如图2-11所示。

（3）单击工具栏中的 （选择并移动）按钮，选择圆。然后进入 （修改）命令面板，展开"渲染"卷展栏，选中"在渲染中启用"复选框，其余设置如图2-12所示。

（4）激活顶视图，然后单击工具栏中的 （渲染产品）按钮进行渲染，效果如图2-13所示。

图2-10　圆"键盘输入"卷展栏

图2-11　生成的圆

图2-12　"渲染"卷展栏

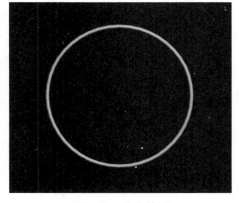

图2-13　渲染的圆

2.1.4　创建椭圆

椭圆的创建过程如下：

（1）单击顶视图使之成为当前视图，在 （图形）命令面板中单击 椭圆 按钮。

（2）展开"键盘输入"卷展栏，设置如图2-14所示，然后单击"创建"按钮，即可创建出椭圆，如图2-15所示。

> **提示**
>
> 椭圆有三个基本参数："长度"可设置椭圆的长轴，"宽度"可设置椭圆的短轴，"厚度"可设置椭圆的粗细。

图2-14　椭圆"键盘输入"卷展栏设置　　　　　图2-15　生成的椭圆

2.1.5　创建弧

弧工具可用来绘制二维开放或封闭式的弧线，创建方法要比圆复杂一些，需要3个点才能确定一个圆弧。弧的创建过程如下：

（1）单击顶视图使之成为当前视图，然后单击 ![图形] （图形）面板上的 弧 按钮，展开"键盘输入"卷展栏，设置如图2-16所示。

（2）单击"创建"按钮，即可创建出弧线，如图2-17所示。

图2-16　弧"键盘输入"卷展栏的设置　　　　　图2-17　生成的弧

在弧的参数面板中提供了两种创建方法：

- "端点—端点—中央"：单击这个单选按钮，拖动鼠标可首先定义圆弧的起始点，然后建立圆弧的结束点，最后单击决定圆弧的曲度。
- "中点—端点—端点"：单击这个单选按钮，拖动鼠标可首先决定圆弧的中心点位置，然后决定圆弧的半径值，最后根据这个半径值来决定弧线的长度。

2.1.6　创建圆环

圆环工具可以绘制同一个圆心的双圆造型。圆环的创建过程如下：

（1）单击顶视图使之成为当前视图，然后在 ![图形] （图形）命令面板上单击 圆环 按钮。

（2）展开"键盘输入"卷展栏，设置如图2-18所示，然后单击"创建"按钮，即可创建出圆环，如图 2-19 所示。

> **提示**
>
> 圆环的基本参数有两个："半径 1"是第 1 个圆形的半径；"半径 2"是第 2 个圆形的半径。

图2-18　圆环"键盘输入"卷展栏设置

图2-19　生成的圆环

2.1.7　创建多边形

多边形工具用来绘制多边形，多边形的创建过程如下：

（1）单击顶视图使之成为当前视图，然后单击 （图形）面板上的 多边形 按钮。

（2）展开"参数"和"键盘输入"卷展栏，设置如图 2-20 所示。

（3）单击"创建"按钮，即可创建出六边形，如图 2-21 所示。

> **提示**
>
> 当选中"参数"卷展栏中的"圆形"复选框后，无论多边形的边数如何，都会自动变为二维圆形。

图2-20　多边形的参数设置

图2-21　生成的多边形

2.1.8 创建星形

星形工具可用来绘制不同顶点数的星形。创建星形有键盘输入和手动拖拉两种方法。

1．键盘输入创建星形

通过键盘输入创建星形的过程如下：

（1）单击顶视图使之成为当前视图，然后在 （图形）面板中单击 星形 按钮。

（2）展开"键盘输入"卷展栏，设置如图2-22（a）所示，然后单击"创建"按钮，即可创建出星形，如图2-22（b）所示。

（a）星形"键盘输入"卷展栏设置　　　　　　　（b）生成的星形

图2-22　卷展栏设置及生成星形

> **提示**
>
> 　　星形的参数卷展栏如图2-23所示。其中"半径1"与"半径2"是星形的两个半径，两者的数值差距越大，星形的形状越尖锐；"点"是星形的顶点数；"扭曲"是星形顶点的扭曲变形角度，当角度大于0时，向逆时针方向扭曲，当角度小于0时，则向顺时针方向扭曲；"圆角半径1"与"圆角半径2"是星形倒角处与尖角的圆滑度半径。"

2．手动拖拉创建星形

通过手动拖拉创建星形的过程如下：

（1）在 （图形）面板中单击 星形 按钮。

（2）在顶视图中单击，确定星形中心点。然后按住鼠标拖拉出"半径1"大小后松开鼠标，接着在"半径2"的位置单击确定，即可创建出星形。

图2-23　星形的参数卷展栏

2.1.9 创建文本

文本工具用于建立文字造型。在3ds Max中，文本实际上是由许多条二维线条组成的，所以文字被定义为二维图形。

文本的创建过程如下：

（1）单击 （图形）面板上的 文本 （文本）按钮，在文本的参数面板中的文本框中输入文本"动漫行业"，如图2-24所示。

（2）选择文本后，可以在参数卷展栏顶端的字符列表选择所需的字型。然后在前视图上单击即可建立文字造型，如图2-25所示。

图2-24 文本的内容和参数设置

图2-25 生成的文本

"参数"卷展栏参数含义如下：

- 在文本参数面板的下拉列表框中可以选择需要的字体，默认为 Arial 字体。
- 字体下拉列表框下面的前两个按钮用于控制字型，**I** 按钮可设置文字为斜体，**U** 按钮可设置下画线，其余按钮为排版格式（■左对齐、■居中对齐、■右对齐、■强制对齐）。
- "大小"可设置文本的大小。
- "字间距"可设置字与字之间的距离。
- "行间距"可设置行之间的距离，"文本"框为输入文本的区域。

（3）如果要对文本的相关参数进行调整，可进入 ■（修改）命令面板进行重新设定。

2.1.10 创建螺旋线

螺旋线工具可用来绘制螺旋形的线条，这里以制作一个弹簧为例来说明螺旋形的创建过程，具体创建过程如下：

（1）单击顶视图使之成为当前视图，在 ■（图形）命令面板中单击 ■螺旋线■ 按钮。

（2）展开"键盘输入"卷展栏，设置如图2-26所示，然后单击"创建"按钮，即可创建出螺旋线，如图2-27所示。

图2-26 螺旋线参数设置

图2-27 生成的螺旋线

> **提示**
>
> 螺旋线的基本参数有："半径1"与"半径2"为螺旋线两个圆形的半径；"高度"为螺旋线的高度；"圈数"为螺旋线的圈数；"偏移"为螺旋线的偏移倾斜度（其最大值为1，最小值为 -1，用来控制螺旋线向端面偏移的情况）；"顺时针"与"逆时针"，用来设定螺旋线的旋转方向（顺时针代表顺时针方向旋转，逆时针代表逆时针方向旋转）。

2.1.11 卵形

卵形工具可以绘制同一个圆心的卵的造型。卵形的创建过程如下：

（1）单击顶视图使之成为当前视图，然后在 （图形）命令面板上单击 卵形 按钮。

（2）展开"键盘输入"卷展栏，设置如图 2-28 所示，然后单击"创建"按钮，即可创建出卵形，如图 2-29 所示。

图2-28 卵形"键盘输入"卷展栏设置

图2-29 创建的卵形

2.1.12 创建截面

截面是通过截取三维几何体的剖面而获得的二维图形。比如通过 3ds Max 创建完三维楼房模型后可通过这种方法获取它的截面图形。截面的创建过程如下：

（1）单击 （创建）命令面板中的 （几何体）按钮，进入几何体面板。然后单击 茶壶 按钮，展开"键盘输入"和"参数"卷展栏，设置如图 2-30 所示。

（2）单击顶视图使之成为当前视图，然后在"键盘输入"卷展栏中单击"创建"按钮，即可创建茶壶。

（3）单击 （图形）面板上的 截面 按钮，然后在顶视图中以茶壶为中心创建一个较大的矩形网格，并将其移动至茶壶高度的某个位置，此时网格与茶壶相交的地方会出现一个黄色的线框，表示此处将截取茶壶的剖面来获得二维图形。

（4）利用工具栏中的 （选择并移动）按钮，移动矩形网格的位置至与茶壶相交位置，如图 2-31 所示，此时黄色线框也随之移动。

图2-30 茶壶的参数设置

（5）单击"截面参数"卷展栏中的"创建图形"按钮，如图 2-32 所示。然后在弹出的"命名截面图形"对话框（见图 2-33）中将其命名为"茶壶剖面"后单击"确定"按钮。此时在茶壶与截面相交处会创建一个茶壶横截面，如图 2-34 所示。

图2-31　移动矩形网格到与茶壶相交位置

图2-32　截面卷展栏的设置

图2-33　"命名截面图形"对话框

图2-34　生成的茶壶截面

2.2　标准三维模型的创建

3ds Max 2016 自带了 12 种标准三维模型，如图 2-35 所示。利用它们可以快速地创建一些基础的三维模型。它们的创建方法相似，下面以"长方体"、"球体"、"几何球体"、"圆柱体"、"圆环"和"茶壶"为例具体讲解标准三维模型的创建方法。

2.2.1　创建长方体

创建长方体有键盘输入和手动拖拉两种方法。

1. 手动创建长方体

手动建立长方体的过程如下：

（1）单击 ■（创建）命令面板中的 ● （几何体）

图2-35　标准三维模型的类型

按钮，进入几何体面板。然后单击 长方体 按钮。

（2）在顶视图中按住鼠标左键，拖动出一个矩形后松开鼠标左键，即可完成长方体底面的创建。然后在上下方向移动鼠标指针到适当位置单击，从而决定长方体的高度，这时场景中就创建了一个长方体，如图 2-36 所示。此时命令面板参数变成创建的长方体的相应数值，如图 2-37 所示。

图2-36　创建长方体

图2-37　长方体参数

（3）单击长度参数框，然后输入 100，同样将宽度和高度参数也设为 100，如图 2-38 所示。这样长方体就变为了正方体，结果如图 2-39 所示。

图2-38　正方体参数面板

图2-39　创建的正方体

（4）此时可以在名称框中将"Box001"命名为"正方体"，以便于以后用 （按名称选择）工具选取。

（5）单击图 2-40 中的 按钮，弹出图 2-41 所示的对话框。

图2-40　名称和颜色

图2-41　"对象颜色"对话框

（6）从中选择一种正方体的颜色后（此时选择的是一种红色），单击"确定"按钮。此时，场景中的正方体颜色就变成了刚才调制出的红色，如图2-42所示。

> **提示**
>
> 如果不满意可以单击 添加自定义颜色... 按钮，然后在弹出的"颜色选择器：添加颜色"对话框中设定颜色，如图2-43所示。

图2-42 改变颜色后的正方体

图2-43 "颜色选择器：添加颜色"对话框

2．键盘输入创建长方体

通过键盘输入法创建长方体的过程如下：

（1）单击 ■（创建）命令面板中的 ■（几何体）按钮，进入几何体面板。然后单击 长方体 按钮。

（2）展开"创建方法"和"键盘输入"卷展栏，在"创建方法"卷展栏中单击"正方体"选项，然后在"键盘输入"卷展栏设置参数如图2-44所示，单击"创建"按钮，即可创建出一个正方体，如图2-45所示。

图2-44 "键盘输入"卷展栏

图2-45 创建正方体

　　单击"正方体"选项后，在"键盘输入"卷展栏中输入长度值，此时宽度和高度会自动匹配长度值。

　　（3）如果要创建长方体，可以在"创建方法"卷展栏中单击"长方体"选项，然后在"键盘输入"卷展栏输入不同的长度、宽度和高度值，再单击"创建"按钮，即可创建一个长方体。

2.2.2　创建球体

　　球体的创建过程如下：

　　（1）单击 ✦（创建）命令面板中的 ◐（几何体）按钮，进入几何体面板，然后单击 球体 按钮，弹出球体设置面板，如图 2-46 所示。

　　（2）在顶视图中，按住鼠标左键并拖动鼠标到适当的位置松开，此时在视图中就生成了一个球体，如图 2-47 所示。

图2-46　球体设置面板　　　　　　　　　　图2-47　创建的球体

　　（3）选中"轴心在底部"复选框，可将小球轴心点移至底端，如图 2-48 所示，结果如图 2-49 所示。

　　这样可模拟球体弹跳时轴心点在底端的效果。

图2-48 选中"轴心在底部"复选框

图2-49 创建"轴心在底部"的球体

（4）选中"启用切片"复选框，并设置"切片结束位置"为90，如图 2-50 所示，结果如图 2-51 所示。

图2-50 选中"切片启用"选项

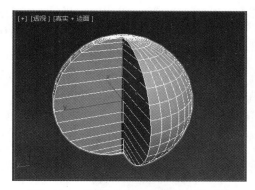

图2-51 "切片结束位置"为90的球体

（5）将"半球"的参数设为0.5，此时球体变成半球，设置如图 2-52 所示，结果如图 2-53 所示。

图2-52 设置半球参数

图2-53 半球效果

（6）分别单击"切除"和"挤压"选项，球体网格会发生变化，如图 2-54 所示。

提示

"切除"和"挤压"选项只在半球不为 0 时起作用。

图2-54　单击"切除"和"挤压"选项后球体网格的变化

2.2.3　创建几何球体

几何球体比球体对象使用的多边形表面少。它不像球体对象那样，由大小不同的矩形组成，而是由大小相同的三角形组成的。几何球体的创建过程如下：

（1）单击■（创建）命令面板中的◯（几何体）按钮，进入几何体面板，然后单击 几何球体 按钮，弹出几何体球体设置面板，如图 2-55 所示。

（2）在顶视图中，按住鼠标左键并拖动鼠标到适当位置松开，一个三角形面几何圆球就被创建了，如图 2-56 所示。

（3）取消选中"平滑"复选框，此时球体以不平滑的三角形显示，如图 2-57 所示。

图2-55　几何体球体设置面板

图2-56　创建的几何球体

图2-57　未选中"平滑"后的效果

（4）选中"半球"复选框，可产生半球，如图 2-58 所示。

（5）选中"轴心在底部"复选框，可使球体轴心点移至底端，如图 2-59 所示。

图2-58　半球效果

图2-59　创建"轴心在底部"的几何球体

（6）在"基本面类型"选项组中有"四面体"、"八面体"和"二十面体"3个选项可供选择，图2-60所示为单击不同选项后的效果。

图2-60　选中不同基本面类型的效果

2.2.4　创建圆柱体

创建圆柱体对象时，首先是指定圆的底面，然后是指定高度。默认"边数"数值是18，此时生成的柱体为平滑的圆柱体。接着可以利用参数卷展栏中的选项对其"高度分段"和"端面分段"进行设置或修改。圆柱体的创建过程如下：

（1）单击 （创建）命令面板中的 ◎ （几何体）按钮，进入几何体面板，然后单击 圆柱体 按钮，弹出圆柱体设置面板，如图2-61所示。

（2）在顶视图中，按住鼠标左键并拖动鼠标到适当的位置松开，从而生成圆柱体的底面，然后上下方向移动鼠标指针，形成圆柱体的高度，此时形成圆柱体，如图2-62所示。

（3）选中"启用切片"复选框，设置"切片起始位置"为0，"切片结束位置"为90，结果如图2-63所示。

> **提示**
>
> "切片起始位置"和"切片结束位置"分别控制切片的起始角度和终止角度。

（4）"平滑"复选框用于控制圆柱体是否光滑。图2-64所示为选中该选项前后的比较。

图2-61　圆柱体设置面板

图2-62　创建的圆柱体

图2-63　切片为90的圆柱体

图2-64　选中"平滑"复选框前后比较

2.2.5　创建圆环

创建圆环时需要指定两个半径：一个是圆环横截面的半径；另一个是从圆环的中心到环形的中心距离。创建时默认设置是 24 个分段、12 条边。卷展栏中的参数选项中的"旋转"和"扭曲"选项可以在圆环旋转时指定边的扭曲程度。平滑参数包含 4 个不同的选项。单击"全部"单选按钮，将平滑所有的棱角；单击"侧面"单选按钮，将平滑各侧面之间的棱角；单击"无"单选按钮，将以面的状态显示所有的多边形；单击"分段"单选按钮，将平滑片段之间的棱角。

圆环的创建过程如下：

（1）单击 ■（创建）命令面板中的 ■（几何体）按钮，进入几何体面板，然后单击 ■ 圆环 ■ 按钮，弹出圆环设置面板，如图 2-65 所示。

（2）在顶视图中，按住鼠标左键并拖动鼠标到适当位置松开，此时完成圆环的一个半径，再次移动鼠标指针到另一位置单击，圆环就形成了，如图 2-66 所示。

（3）选中"启用切片"复选框，然后将"切片起始位置"设置为 0，"切片结束位置"设置为 90，结果如图 2-67 所示。

图2-65　圆环设置面板

图2-66　创建的圆环

图2-67　"切片起始位置"为90的圆环

2.2.6　创建茶壶

3ds Max 标准基本体中之所以存在茶壶，是因为茶壶是 3ds Max 最早创建的不规则几何体。需要指出的是，参数卷展栏中指定的茶壶部件数值需要分辨"主体"、"壶把"、"壶嘴"和"壶盖"。茶壶的创建过程如下：

（1）单击 ⬕（创建）命令面板中的 ⬤（几何体）按钮，进入几何体面板，然后单击 茶壶 按钮，弹出茶壶设置面板，如图 2-68 所示。

（2）在顶视图中，按住鼠标左键并拖动鼠标到适当位置松开，茶壶就形成了，如图 2-69 所示。

图2-68　茶壶设置面板

图2-69　创建的茶壶

（3）在"茶壶部件"选项组中选中不同复选框的效果如图 2-70 所示。

图2-70　选中不同复选框的效果

2.3　扩展三维模型的创建

3ds Max 自带了 13 种扩展三维模型，如图 2-71 所示。利用它们可以快速地创建一些扩展三维模型。下面以"异面体"和"软管"为例具体讲解扩展三维模型的创建方法。

图2-71　扩展三维模型的类型

2.3.1 创建异面体

3ds Max 2016 包括的异面体类型有："四面体"、"立方体／八面体"、"十二面体／二十面体"，以及"星形1"和"星形2"，效果如图2-72所示。

异面体的参数卷展栏中包括"系列"、"系列参数"、"轴向比率"和"顶点"4个选项组，如图2-73所示。

图2-72 异面体类型

图2-73 异面体参数面板

- "系列"选项组：该选项组用来确定异面体上形状。
- "系列参数"选项组：该选项组包含P值和Q值，它们用于决定异面体的面数。例如："系列"选项组设置为"十二面体／二十面体"时，如果P值为1时会显示一个二十面体，而Q值为1时会显示一个十二面体，当P值和Q值都等于0时，就会显示一个介于两者之间的对象。如果改变P值和Q值的数值可以创建许多不同形状的造型对象。
- "轴向比率"选项组：该选项组有P、Q和R三个数值框，这说明异面体可以有三种组成平面的不同类型的多边形，这些多边形由P、Q和R三种数值确定。
- "顶点"选项组：该选项组用于设置顶点的方式。

2.3.2 创建软管

软管的创建过程如下：

（1）在左视图创建一个底面半径为10、高为30的圆柱体。

（2）在前视图中利用 镜像出圆柱体，设置如图2-74所示，单击"确定"按钮，结果如图2-75所示。

（3）单击 命令面板中的 中 扩展基本体 下的 软管 按钮，然后单击"绑定到对象轴"选项，然后在左视图中绘制软管，设置软管直径如图2-76所示。

（4）在"软管参数"卷展栏中单击"选定顶部对象"按钮后，在视图中拾取一个圆柱，看到圆柱白框闪烁一下，表示绑定成功。

图2-74　镜像对话框

图2-75　镜像后效果

（5）同理，单击"选定底部对象"后拾取视图中的另一个圆柱，结果如图 2-77 所示。

图2-76　设置软管直径

图2-77　软管绑定后的效果

（6）将"绑定对象"选项组下的两个"张力"值均设为 0，如图 2-78 所示，结果如图 2-79 所示。

图2-78　将"张力"值设为0

图2-79　将"张力"值设为0的效果

（7）开始录制动画。在第0帧激活 自动关键点 按钮，移动其中一个圆柱体到图2-80所示的位置。然后在第100帧移动圆柱体到图2-81所示的位置，此时可以发现软管体随圆柱体的位置变化而进行伸缩。

图2-80　缩小圆柱体的距离

图2-81　拉大圆柱体的距离

2.4　选 择 对 象

要对对象进行编辑和修改，首先必须选中这个对象。3ds Max 提供了多种选择对象的方法，下面进行具体讲解。

2.4.1　使用工具按钮

使用工具按钮选取对象的过程如下：

（1）单击菜单栏左侧的快速访问工具栏中的 按钮，然后从弹出的下拉菜单中选择"重置"命令，接着在弹出的对话框中单击"确定"按钮，重置场景。

（2）在场景中创建几个对象，如图2-82所示。然后执行菜单中的"文件|保存"命令，将场景保存为model01.Max，以便以后调用。

（3）单击工具栏中的 （选择对象）按钮，此时该按钮出现淡蓝色底纹，表示现在可以选择对象了。

（4）在视图中将鼠标指针移动到要选择的圆锥体上，单击即可选择。在线框模式下，被选中的对象变为白色，并在视图中显示坐标轴，如图2-83所示；在真实模式下，被选中的对象周围出现白色的边框，如图2-84所示。

图2-82　创建场景

（5）在选中圆锥体的同时，按住【Ctrl】键可以同时选定其他对象；如果在按住【Ctrl】键的同时单击已经选中的对象，则可将它从选定对象中去掉，恢复到非选择状态。

（6）在视图中的空白区域单击，所有对象都恢复到非选取状态。

图2-83　在线框模式下选择对象

图2-84　在真实模式下选择对象

2.4.2　根据名称进行选择

在场景中有很多对象时，如果用工具来选取对象难免会误选，这时最好的方法是按名称来选取对象。使用名称选取对象的前提是必须知道要选取对象的名称，虽然3ds Max会为每一个创建的对象赋一个默认的名称，但是将对象的默认名称改为方便用户记忆的名称是个不错的习惯，在制作大型项目时这是必需的。

根据名称来选取对象的过程如下：

（1）单击菜单栏左侧的快速访问工具栏中的![]按钮，然后从弹出的下拉菜单中选择"打开"命令，打开前面保存的"model01.Max"文件。

（2）单击工具栏上的![]（按名称选择）按钮，弹出"从场景选择"对话框，如图2-85所示。

（3）在对话框左边列表中选择Teapot01，然后单击"确定"按钮，即可选中视图中的茶壶体。

图2-85　"从场景选择"对话框

2.4.3　使用范围框进行选择

另外一种选择对象的方式是利用范围框来选取对象，3ds Max提供了5种范围框的类型，如图2-86所示。利用范围框选取对象的过程如下：

（1）单击菜单栏左侧的快速访问工具栏中的![]按钮，然后从弹出的下拉菜单中选择"打开"命令，打开前面保存的"model01.Max"文件。

（2）选择工具栏中的![]（矩形选择区域）工具，然后在视图中按住鼠标左键拖动，拉出一个矩形虚线框，接着松开左键，则矩形框范围内的所有对象都被选中。

图2-86　选择范围框模式

（3）在工具栏中按住![]（矩形选择区域）按钮，在下拉工具按钮中选择![]（套索选择区域）按钮，然后在视图中按住鼠标左键拖动，此时将出现一个按照鼠标轨迹画出的虚线框，松开鼠标左键，则虚线框内的对象将被选中。

（4）范围选项还可以和工具栏中的■按钮配合使用，该工具按钮有两种方式：■（窗口）和■（交叉）。但使用■（交叉）时，即使只有一部分在范围内，对象也会被选中；而■（窗口）模式只选中那些完全被范围框包围的对象。

2.5 变换对象

在创建了对象之后，还可以利用工具栏中的变换工具对其进行移动、旋转和缩放操作。工具栏中有 3 种变换对象的工具，如图 2-87 所示。

图2-87 变换工具按钮

2.5.1 对象的移动

利用工具栏中的■（选择并移动）工具可以沿任何一个轴移动对象，可以将对象移动到一个绝对坐标位置，或者移动到与当前位置有一定偏移距离的位置。对象的移动过程如下：

（1）单击菜单栏左侧的快速访问工具栏中的■按钮，然后从弹出的下拉菜单中选择"打开"命令，打开前面保存的"model01.Max"文件。

（2）在视图中选中茶壶，然后按住鼠标左键拖动被选中的茶壶对象。

（3）在拖动的时候要注意锁定轴，锁定的轴以黄色显示，如果锁定在单向轴上，则对象只能沿着一个方向移动，如图 2-88 所示。

（4）此时在视图中只能在激活视图所决定的平面上移动对象，如果想在 Y 轴移动对象，则要切换到其他视图。

图2-88 将光标放置在X轴上

2.5.2 对象的旋转

选择工具栏中的■（选择并旋转）工具，然后在视图中选中对象，就可以旋转此对象。在旋转时也要注意旋转轴，默认的选定轴为 Z 轴，将鼠标指针移动到其他坐标轴上可以切换旋转轴。

2.5.3 对象的缩放

选择工具栏中的■（选择并匀称缩放）工具，就可以在视图中调整选定对象的大小。大多数缩放操作都是一致的，也就是说，在 3 个方向上按比例缩放。但有时候也需要非匀称缩放，比如球落在地上被挤压的情况。单击■（选择并匀称缩放）工具会弹出另两个按钮，如图 2-89 所示，这两个按钮可用于非匀称地缩放对象。

选择并匀称缩放
选择并非匀称缩放
选择并挤压

图2-89 缩放工具弹出按钮

2.5.4 变换对象的轴心点

对象的轴心点是对象旋转和缩放时所参照的中心点，也是大多数编辑修改器应用的中心。轴心点在创建对象时是默认创建的，并且通常创建在对象的中心或基于对象的中心。在制作动画的时候，轴心点的位置非常重要，比如对于一个不倒翁而言，它的轴心点位于底部。

使用普通的变换工具不能改变对象的轴心点，若要变换对象的轴心点，可以在选定对象的情况下，单击 （层次）命令面板中的 ■■■ 轴 按钮，如图2-90所示。然后展开"调整轴"卷展栏，根据需要，单击下面的相应按钮。接着使用变换工具就可以改变选定对象的轴心点。在确定了轴心点之后，再次单击"调整轴"卷展栏下的相应按钮就可以退出轴心点模式。

图2-90 层次面板

■■■仅影响轴■■■：用于单独对物体的轴心点进行变换操作，不影响对象和子对象。

■■■仅影响对象■■■：用于对选定对象应用变换，轴心点不受影响。

■■■仅影响层次■■■：用于将变换只影响到对象和子对象的链接上。缩放和旋转一个对象只影响它的所有后代的链接的偏移，而不影响对象和它后代的几何形状。

另外，在工具栏上还存在用于控制选择集轴心位置的轴心按钮组。该按钮组共有3个按钮，它们分别是：

■（使用轴点中心）：是系统默认按钮，一般而言，对象的中心是制作三维模型的出发点，一般位于模型的底部。

■（使用选择中心）：是指在选择了场景中的多个物体之后，对象轴心为整个选择集的中心。

■（使用变换坐标中心）：是指将当前使用的坐标中心作为对象轴心。

2.5.5 变换对象的坐标系

在每个视图的左下角都有一个由红、绿和蓝3个轴向组成的坐标系图标，这个图标就是坐标系。默认坐标系中X轴以红色显示，Y轴以绿色显示，Z轴以蓝色显示。3ds Max 2016中提供了9种坐标系，单击工具栏中的 视图 ■ 按钮，即可显示出相关的坐标系，如图2-91所示。

1．屏幕坐标系

屏幕坐标系在任何一个激活的视图中，X轴都代表水平方向，Y坐标 图2-91 坐标系类型
都代表垂直方向。

2．世界坐标系

世界坐标系是真实世界的三维坐标系，在顶视图中，X轴从左到右，Y轴从上到下，Z轴在这个视图中无法操作，所以没有显示出来。实际上，这个时候的Z轴是穿过屏幕向内而去的。如果转换到前视图，那么从屏幕上来看，坐标轴向的显示会发生一定程度的变化，首先是Y轴现在是穿过屏幕向内而去，所以在这个视图中是不可见的，从下往上的坐标轴向变成了Z轴。

3．视图坐标系

视图坐标系是3ds Max 默认的坐标系统，它结合了世界坐标系和屏幕坐标系，在所有的正

交视图中视图坐标系与屏幕坐标系一样，而在透视图中视图坐标系与世界坐标系一致。

4．父对象坐标系

父对象坐标系只对有链接关系的对象起作用。如果使用这个坐标系，当变换子对象的时候，它使用的是父对象的坐标系。

5．局部坐标系

局部坐标系用于对象自身。以正方体为例，在世界坐标系下，3 个坐标轴向都是与正方体表面垂直的，如果将正方体旋转一定的角度，那么，坐标轴向与表面不再垂直，但在局部坐标系之下，无论对象怎样旋转，坐标轴向始终与正方体表面垂直。

6．万向坐标系

万向坐标系有点类似于局部坐标系，在这里万向代表了一种旋转方式，实际上就是各坐标独立旋转。

在普遍意义上的旋转是"Euler（欧拉）"旋转。欧拉旋转能够单独调节各个坐标轴向上的旋转曲线。在局部坐标系下，围绕对象的某一根轴进行旋转，物体的另两根轴同时旋转，但是在万向坐标系下，可以只影响到另一根轴。

7．栅格坐标系

栅格坐标系是用当前激活栅格系统的原点作为变换的中心。

8．工作坐标系

工作坐标系，又叫工作轴坐标系，它是 3ds Max 新增的坐标系，可以在不影响对象自有轴的情况下任意变换对象。该坐标系要在图 2-92 所示的 （层次）面板中"轴"选项下的"工作轴"卷展栏中进行调整。

9．拾取坐标系

如果希望绕空间中的某个点旋转一系列对象，最好使用拾取坐标系。在选择了拾取坐标系后，即使选择了其他对象，变换的中心仍然是特定对象的轴心点。

图2-92　"工作轴"卷展栏

拾取坐标系的过程如下：

（1）单击菜单栏左侧的快速访问工具栏中的 按钮，然后从弹出的下拉菜单中选择"重置"命令，接着在弹出的对话框中单击"确定"按钮，重置场景。

（2）单击 （创建）命令面板中的 （几何体）按钮，进入几何体面板。然后单击 长方体 按钮，在顶视图中创建一个长方体，参数设置和结果如图 2-93 所示。

（3）在前视图中，利用工具箱上的 （选择并旋转）工具，将其旋转一定角度，如图 2-94 所示。

（4）单击 （创建）命令面板中的 （几何体）按钮，进入几何体面板。然后单击 球体 按钮，在顶视图中创建一个半径为 10 的球体，放置位置如图 2-95 所示。

（5）选中小球，然后选择拾取坐标系后单击长方体，此时小球的坐标系就发生了变化，如图 2-96 所示。

图2-93　创建长方体

图2-94　旋转长方体

图2-95　创建并放置球体

（6）激活 自动关键点 按钮，然后将时间滑块移动到第 100 帧，再将小球移动到长方体底端，如图 2-97 所示。

（7）利用 （选择并旋转）工具将小球旋转几周，如图 2-98 所示。

图2-96　改变小球的坐标系

图2-97　在第100帧移动小球的位置

图2-98　将小球旋转一定角度

（8）关闭 自动关键点 按钮，单击 按钮，即可看到小球沿木板旋转着滚下来的效果。

2.6　复　制　对　象

复制对象就是创建对象副本的过程，这些副本和原始对象具有相同的属性和参数。3ds Max 提供了克隆、镜像和阵列 3 种复制对象的方法。

2.6.1　使用克隆命令

克隆对象的方法有两种：一种是利用键盘上的【Shift】键执行变换操作；另一种是执行菜

单中的"编辑|克隆"命令。不管使用哪种方法，都会出现"克隆选项"对话框，如图2-99所示。

在"克隆选项"对话框中可以指定克隆对象的类型和数目。克隆有3种类型，分别是"复制"、"实例"和"参考"。

- "复制"：克隆一个与原始对象完全无关的对象，就像是单独创建出来的一样，只不过对象的参数与原对象的参数相同。

- "实例"：克隆出来的对象与原始对象之间存在着一种关联关系，"实例"克隆的对象之间是通过参数和编辑修改器相关联的，各自的变换没有关系，各自相互独立。例如：使用"实例"选项选定一个圆柱，如果改变其中的一个圆柱的高度，另外的圆柱也随之改变。"实例"选项克隆的对象可以有不同的材质。

- "参考"：克隆对象的关系是单向的。当给原始对象应用了编辑修改器时，克隆的对象也随之应用了编辑修改器。但是给"参考"克隆的对象应用编辑修改器时，原始对象却不受影响。

在"克隆选项"对话框中，"控制器"选项组只有在克隆对象中包含两个以上的树形连接对象时才被激活。它包括"复制"和"实例"两个选项，表明对象的控制器克隆的两种方式，意义与左面的同名单选按钮相同。

克隆操作的具体过程如下：

（1）创建一个茶壶对象，对象命名为"茶壶001"，如图2-100所示。

图2-99　"克隆选项"对话框　　　　　　图2-100　创建茶壶

（2）选择"茶壶001"，利用 （选择并移动）工具，配合【Shift】键，将其沿Y轴移动一段距离。

（3）在弹出的"克隆选项"对话框中选择"复制"，然后将"副本数"设置为4，如图2-101所示，单击"确定"按钮，结果如图2-102所示。

图2-101　设置克隆参数　　　　　　图2-102　克隆后的效果

2.6.2 使用镜像命令

有许多对象都具有对称性。所以，在创建对象时可以只创建半个对象的模型，然后利用镜像命令就可以得到整个对象。

执行菜单中的"工具|镜像"命令，或者单击主工具栏上的 （镜像）按钮就可以出现"镜像"对话框，如图 2-103 所示。

在"镜像"对话框中，可以指定进行镜像操作时相对原始对象所参照的轴或平面，还可以定义偏移的值。镜像操作的具体过程如下：

（1）创建一个茶壶盖，然后在"茶壶部件"选项组中只选择"壶盖"，从而生成茶壶盖，如图 2-104 所示。

图2-103　镜像对话框

图2-104　创建茶壶盖

（2）单击前视图，然后在工具栏中单击 （镜像）按钮。

（3）在弹出的"镜像"对话框中，选择"镜像轴"选项组，设置参数如图 2-105 所示。单击"确定"按钮，结果如图 2-106 所示。

图2-105　设置镜像参数

图2-106　设置镜像后的效果

2.6.3 使用阵列命令

使用"阵列"命令可以同时复制多个相同的对象，并且使得这些复制对象在空间上按照一定的顺序和形式排列，比如环形阵列。

执行菜单中的"工具|阵列"命令，此时会弹出"阵列"对话框，如图2-107所示。

图2-107 "阵列"对话框

"阵列"对话框中的"阵列变换"选项组用于控制形成阵列的变换方式，可以同时使用多种变换方式和变换轴；"对象类型"选项组用于设置复制对象的类型，这和"克隆对象"对话框相似；"阵列维度"选项组用于指定阵列的维度。

对于阵列的操作，这里用一个实例来简单说明，具体过程如下：

（1）在顶视图中创建一个半径为10的球体。

（2）执行菜单中的"工具|阵列"命令，在弹出的"阵列"对话框中设置阵列参数，如图2-108所示。单击"确定"按钮，结果如图2-109所示。

图2-108 设置阵列参数

图2-109 设置阵列后的效果

2.7 组 合 对 象

对于一个复杂的场景，需要将对象组合在一起构成新的对象，使得选定和变换对象更为容易。组合而成的对象就像一个单独的对象，选定组合中的任何一个对象都将选定整个组合。

创建、分解和编辑组合等命令都位于"组"菜单，其中包括9个命令，如图2-110所示。

选中要成组的对象，执行菜单中的"组|组"命令，在弹出的图2-111所示的"组"对话框中输入组的名称，然后单击"确定"按钮，即可使它们成组。如果要解组，只要选中组，然后执行菜单中的"组|解组"命令即可。

图2-110 "组"菜单　　　　　　　　　　　图2-111 "组"对话框

当进行变换时，组合的对象将作为一个整体被移动、旋转或是缩放。使用"组|打开"命令可以访问组合中的对象。此时可以选定和移动组合中的任何一个对象。如果执行菜单中的"组|分离"命令，则可以将当前选定的球体从组合中分离出去；如果执行菜单中的"组|关闭"命令，可关闭组合对象；如果选定分离出来的对象，执行菜单中的"组|附加"命令，可将其重新组合到组中。

2.8　实　例　讲　解

本节将通过"制作桌椅组合效果"和"制作旋转的魔方效果"2个实例来讲解基础对象及其操作在实践中的应用。

2.8.1　制作桌椅组合效果

要点

　　本例将制作一个简单的石桌与石凳的组合，如图2-112所示，通过本例的学习，应掌握"阵列"命令和"锥化"修改器的使用。

图2-112　石桌石凳

操作步骤：

1．制作石桌

（1）单击菜单栏左侧的快速访问工具栏中的 ![按钮] 按钮，然后从弹出的下拉菜单中选择"重置"命令，接着在弹出的对话框中单击"确定"按钮，重置场景。

（2）制作桌面。方法：单击 ![创建] （创建）面板中的 ![几何体] （几何体）按钮，然后在下拉列表框中选择 扩展基本体 ，接着单击"倒角圆柱体"按钮，如图 2-113 所示。最后进入 ![修改] （修改）面板，修改倒角圆柱体的参数如图 2-114 所示，结果如图 2-115 所示。

图2-113　单击"倒角圆柱体"按钮　　　图2-114　修改参数　　　　　图2-115　桌面效果

（3）制作桌腿。方法：单击 ![创建] （创建）面板中的 ![几何体] （几何体）按钮，然后单击其中的"圆柱体"按钮，如图 2-116 所示。接着在顶视图中创建一个圆柱体。最后进入 ![修改] （修改）面板，修改圆柱体的参数，如图 2-117 所示，结果如图 2-118 所示。

图2-116　单击"圆柱体"按钮　　　图2-117　修改参数　　　　　图2-118　创建圆柱体

单击 修改器列表 ，从下拉列表框中选择"锥化"命令，然后调节参数如图2-119所示，结果如图2-120所示。

图2-119　调节"锥化"参数

图2-120　锥化后效果

（4）制作其余桌腿。方法：在顶视图中选中作为桌腿的圆柱体，设置坐标系和坐标原点，如图2-121所示。然后拾取场景中的桌面（ChamferCyl001），这样可以使桌腿坐标原点转为桌面坐标原点，如图2-122所示，结果如图2-123所示。

图2-123　拾取桌面坐标系的效果

图2-121　选择"拾取"

图2-122　拾取桌面坐标系

（5）选中顶视图，执行菜单中的"工具|阵列"命令，在弹出的对话框中设置如图2-124所示。然后单击"确定"按钮，结果如图2-125所示。

图2-124　设置阵列参数

图2-125 阵列后效果

2.制作石凳

（1）在顶视图中创建一个圆柱体，然后进入 （修改）面板，修改圆柱体的参数如图 2-126 所示。

图2-126 创建圆柱体并调整参数

（2）执行修改器中的"锥化"命令，参数设置如图 2-127 所示，结果如图 2-128 所示。

图2-127 设置锥化参数

图2-128 锥化后的效果

（3）在顶视图中选择石凳，确认坐标系和坐标原点如图 2-129 所示。然后执行菜单中的"工具|阵列"命令，在弹出的对话框中设置如图 2-130 所示。然后单击"确定"按钮，结果如图 2-131 所示。

图2-129　设置坐标系和坐标原点　　　　　　　　图2-130　设置阵列参数

图2-131　阵列后效果

（4）选择透视图，单击工具栏中的 █（渲染产品）按钮，渲染后效果如图 2-132 所示。

图2-132　石桌石凳

2.8.2 制作旋转的魔方效果

要点

　　本例将制作一个魔方效果，如图 2-133 所示。通过本例的学习，应掌握变换对象的轴心点、坐标系、对对象进行旋转、阵列命令和"多维/子对象"材质的综合应用。

图2-133　制作旋转的魔方效果

操作步骤

1．制作出一个魔方块的形状

　　（1）单击菜单栏左侧的快速访问工具栏中的 按钮，然后从弹出的下拉菜单中选择"重置"命令，接着在弹出的对话框中单击"确定"按钮，重置场景。

　　（2）在顶视图中创建一个倒角长方体，参数设置及结果如图 2-134 所示。

　　（3）右击视图中的切角长方体，从弹出的快捷菜单中选择"转换为|转换为可编辑多边形"命令，如图 2-135 所示，从而将切角长方体转换为可编辑的多边形。

图2-134　创建切角长方体

图2-135　选择"转换为可编辑多边形"命令

（4）赋予切角长方体不同的面不同的材质ID。方法：进入 （修改）面板中的可编辑多边形的 （元素）层级，然后选择视图中的切角长方体，将其材质ID设置为7，如图2-136所示。接着进入可编辑多边形的 （多边形）级别，再在视图中选择切角长方体的1个面赋予其材质ID为1，如图2-137所示。同理分别赋予切角长方体剩余5个面的材质ID为2～6。

图2-136　设置材质ID为7

图2-137　赋予选中的多边形材质ID为1

2. 赋予魔方块材质

（1）单击工具栏中的 （材质编辑器）按钮，进入材质编辑器。然后选择一个空白的材质球，单击 Standard 按钮，如图2-138所示，接着在弹出的"材质／贴图浏览器"对话框中选择选择"多维／子对象"材质，如图2-139所示，单击"确定"按钮。最后在弹出"替换材质"对话框中选择"将旧材质保存为子材质？"，如图4-140所示，单击"确定"按钮，进入"多维／子对象"材质的参数设置面板，如图2-141所示。

图2-138　单击 Standard 按钮　　图2-139　选择"多维／子对象"材质　图2-140　"替换材质"对话框

（2）默认"多维／子对象"材质有10种材质，此时我们只需要7种，下面将材质数量调整为7。

方法：单击 设置数量 按钮，从弹出的"设置材质数量"对话框中将数值设置为7，如图2-142所示，单击"确定"按钮，结果如图2-143所示。

图2-142　将数值设置为7

图2-141　"多维/子对象"材质的参数设置面板　　　　图2-143　调整后的"多维/子对象"材质面板

（3）复制材质。方法：将 01-Default（Standard） 分别拖动到下方的 无 上，然后在弹出的对话框中选中"复制"单选按钮，如图2-144所示，单击"确定"按钮，此时材质编辑器如图2-145所示。

图2-144　选中"复制"单选按钮　　　　图2-145　调整后的"多维/子对象"材质面板

（4）分别单击不同材质后的色块，赋予它们不同的颜色，如图2-146所示。然后选择视图中的切角长方体，单击材质编辑器工具栏中的■（将材质指定给选定对象）按钮，将材质赋予切角长方体，结果如图2-147所示。

图2-146 赋予不同子材质不同颜色

图2-147 赋予材质后效果

3．制作出魔方造型

（1）将魔方块的轴心点定在其中心位置。方法：选择视图中的魔方块模型，进入■（层次）面板，单击 仅影响轴 按钮后单击 居中到对象 按钮即可，结果如图2-148所示。再次单击 仅影响轴 按钮，退出编辑状态。

图2-148 将魔方块的轴心点定在其中心位置

（2）将中心点的坐标定为零点。方法：右击工具栏中的■（选择并移动）工具，对弹出的对话框进行设置，如图2-149所示。

（3）阵列出魔方造型。方法：选择视图中的魔方块模型，执行菜单中的"工具|阵列"命令，在弹出的"阵列"对话框

图2-149 将中心点的坐标定为零点

中设置如图 2-150 所示，单击"确定"按钮，结果如图 2-151 所示。

图2-150　设置阵列参数

图2-151　阵列出魔方造型

4．制作魔方旋转动画

（1）将所有魔方块的轴心点的坐标均定为魔方中心位置，以便旋转。方法：利用工具栏中的 选择视图中的所有魔方块，然后进入 面板，单击 仅影响轴 按钮，显示出轴心点，如图 2-152 所示。接着右击工具栏中的 工具，从弹出的对话框中将"绝对：世界"下的 X、Y、Z 均设置为 50，结果如图 2-153 所示。最后再次单击 仅影响轴 按钮，退出轴心点模式。

图2-152　显示出轴心点

图2-153　统一坐标的效果

（2）激活工具栏中的 按钮，然后右击该按钮，从弹出的对话框中将"角度"设置为 90°，如图 2-154 所示。

（3）制作最上层的魔方块在第 0～10 帧的旋转效果。方法：激活动画控制区的 自动关键点 按钮（快捷键【N】），将时间滑块移动到第 10 帧，然后利用工具栏中的 工具，在前视图中选择最上层的魔方块，沿 Y 轴旋转 90°，如图 2-155 所示。

 提示

由于设置了角度捕捉为 90°，因此沿 Y 轴旋转时会自动以 90° 的倍数进行旋转。

图2-154 将捕捉角度设置为90°

图2-155 在第10帧将最上层魔方块沿Y轴旋转90°

（4）此时拖动时间轴滑块即可，即可看到最上层魔方块在第 1 ~ 10 帧沿 Y 轴旋转 90° 的动画效果，如图 2-156 所示。

图2-156 最上层魔方块在第1~10帧的旋转效果

（5）制作最右侧的魔方块在第 10 ~ 20 帧的旋转效果。方法：将时间线滑块移动到第 10 帧，然后利用工具栏中的 （选择并旋转）工具，在前视图中选择最右侧的魔方块，单击动画控制区的 （设置关键点）按钮，插入关键帧，如图 2-157 所示。接着将时间线滑块移动到第 20 帧，在前视图中将最右侧的魔方块沿 X 轴旋转 90°，如图 2-158 所示。此时拖动时间轴滑块即可，即可看到最上层魔方块在第 10 ~ 20 帧沿 X 轴旋转 90° 的动画效果，如图 2-159 所示。

图2-157 在第10帧设置关键帧

图2-158 在第20帧将最右侧的魔方块沿X轴旋转90°

图2-159 最上层魔方块在第10~20帧的旋转效果

（6）同理，制作最左侧的魔方块在第 20 ～ 30 帧沿 X 轴旋转 −90°，最下层的魔方块在第 30 ～ 40 帧沿 Y 轴旋转 −90°，垂直中间一层的魔方块在第 40 ～ 50 帧沿 X 轴旋转 90° 的动画效果，如图 2−160 所示。

（7）至此，整个动画制作完毕，单击动画控制区的▶（播放动画）按钮，即可看到魔方的旋转动画效果，如图 2−161 所示。

（a）最左侧的魔方块在第 20 ～ 30 帧沿 X 轴旋转

（b）最下层的魔方块在第 30 ～ 40 帧沿 Y 轴旋转

（c）垂直中间一层的魔方块在第 40 ～ 50 帧沿 X 轴旋转

图2−160　第20～50帧的旋转效果

图2−161　制作旋转的魔方效果

课 后 练 习

1．填空题

（1）利用_____可以通过截取三维几何体的剖面而获得的二维图形。

（2）3ds Max 提供了 5 种范围框选择类型，它们分别是_____、_____、_____、_____和_____。

（3）3ds Max 中提供了 9 种坐标系，它们分别是_____、_____、_____、_____、_____、_____、_____、_____和_____。

2．选择题

（1）在命令面板中单击 （创建）按钮，显示出创建面板，然后单击（图形）按钮，就可以打开"样条线"命令面板，其中包括_____种二维物体造型工具。

    A．9   B．10   C．11   D.12

（2）3ds Max 自带了_____种标准三维模型。

    A．9   B．10   C．11   D．12

3．问答题 / 上机题

（1）简述变换对象的方法。

（2）简述阵列对象的方法。

（3）练习：利用"弯曲"修改器和"阵列"命令制作桌椅组合效果，如图 2-162 所示。

图2-162　练习效果

第3章

常用编辑修改器

本章将讲解利用编辑修改器对基本模型进行修改，从而产生更加复杂的模型的方法。通过本章学习应掌握以下内容：

- 堆栈的概念和各修改按钮的作用。
- 常用修改器的使用。

3.1 认识修改器命令面板

修改器是 3ds Max 的核心部分，3ds Max 2016 自带了大量的编辑修改器，这些编辑修改器以堆栈方式记录着所有的修改命令，每个编辑修改器都有自身的参数集合和功能。我们可以对一个或多个模型添加编辑修改器，从而得到最终所需要的造型。

修改器命令面板分为"名称和颜色"、"修改器列表"、"修改器堆栈"和"当前编辑修改器参数"4个区域，如图 3-1 所示。

图 3-1 修改器面板

1．名称和颜色

用于显示当前所选对象的名称和在视图中的颜色。我们可以在名称框中重新输入新的名称来实现对所选对象的重命名，并可以通过点取颜色框来改变当前物体的颜色。

> **提示**
>
> 当所选物体还未指定材质时会使用某种颜色作为材质颜色。一旦指定了材质，它就失去了对所选对象的着色性质。

2．修改器列表

修改器列表中的编辑修改器分为：选择修改器、世界空间修改器和对象空间修改器三类。在修改器列表处单击，可以打开全部编辑修改器的列表，从中我们可以选择所需的编辑修改器。

3．修改器堆栈

修改器堆栈中包含所选对象和所有作用于该对象的编辑修改器。通过修改器堆栈我们可以对相关参数进行调整。

在修改器下方有 6 个按钮，通过它可以对堆栈进行相应的操作。

锁定堆栈：用于冻结堆栈的当前状态，能够在变换场景对象的情况下，仍然保持原来选择对象的编辑修改器的激活状态。

／显示最终效果开／关切换：可以控制显示最终效果还是只显示当前编辑修改器的效果。为显示最终效果，为显示当前效果。

使唯一：当对多个对象施加了同一个编辑修改器后，选择其中一个对象单击该按钮，然后再调整编辑修改器的参数，此时只有选中的对象受到编辑修改器的影响，其余对象不受影响。

从堆栈中移除修改器：单击该按钮可以将选中的编辑修改器从修改器堆栈中删除。

配置修改器集：可以通过该工具配置自己需要的编辑修改器集。配置方法：单击该按钮，在弹出的快捷菜单中选择"显示按钮"选项，如图 3-2 所示，显示出修改器集。然后再次单击该按钮，从弹出的快捷菜单中选择"配置修改器集"命令。接着在弹出的对话框中添加编辑修改器，如图 3-3 所示，单击"确定"按钮，完成配置修改器集，结果如图 3-4 所示。

图3-2　选择"配置控制器"命令　　　图3-3　添加编辑修改器　　　图3-4　完成配置的修改器

4．当前编辑修改器参数

在修改器堆栈中选择一个编辑修改器后，可以在当前编辑修改器参数区对该修改器的参数进行再次调整。

3.2　常用的编辑修改器

3ds Max 2016提供了大量的修改器，其中"编辑样条线"、"车削"、"挤出"、"倒角"、"倒角剖面"、"锥化"、"噪波"和"对称"等修改器是比较常用的几种。下面我们就来说明这些修改器的使用方法。

3.2.1　"编辑样条线"修改器

我们虽然可以利用图形创建工具来产生很多的二维造型，但是这些造型变化不大，并不能满足用户的需要。所以通常是先创建基本二维造型，然后通过编辑样条线修改器对其进行编辑和变换，从而得到我们最终所需的图形。

编辑样条线修改器是专门编辑二维图形的修改器。它分为顶点、分段、样条线3个级别，如图3-5所示。在不同层级中我们可以对相应的参数进行调整。

"编辑样条线"修改器的参数设置如下：

1．编辑"顶点"

利用编辑样条线修改器对二维图形进行编辑时，顶点的控制是很重要的，因为顶点的变化会影响整条线段的形状与弯曲程度。

对"顶点"进行编辑的过程如下：

图3-5　"编辑样条线"的3个级别

（1）在前视图中绘制一个简单的二维图形，如图3-6所示。

（2）进入 （修改）面板，在修改器列表位置单击，然后在弹出的修改器列表中选择"编辑样条线"修改器。接着进入 （顶点）级别，选择视图中的相应顶点即可进行编辑移动、变形等操作。此时选中的顶点显示如图3-7所示，"顶点"级别参数面板如图3-8所示。

图3-6　原图

图3-7　修改后效果

图3-8　"顶点"层级参数面板

编辑"顶点"的主要参数含义：

- "锁定控制柄"复选框：在选取两个以上的控制顶点后，如果希望同时调整这些顶点的控制杆，则将它选中。

- 创建线 按钮：单击此按钮后，可以在当前选择的图形上画线，而且所画的任何新线都是所选取的二维图形的一部分，而不是一个独立的对象，如图 3-9 所示。

图3-9　"创建线"后的效果

- 断开 按钮：单击此按钮后，可将已选取的控制起始点变为控制结束点，并将它所连接的两条线段分开。

- 附加 按钮：单击此按钮，可以给选中的二维图形加上其他的二维图形，也就是把两个二维图形合并为一个二维图形。

- **附加多个** 按钮：与 **附加** 按钮的功能类似，这个按钮可以将多个二维图形附加到选中的对象上。
- **优化** 按钮：它允许在不改变二维物体形状的情况下添加节点。
- **焊接** 按钮：用于连接两个控制节点，后面的数值为焊接的最大距离，当两点之间的距离小于此距离时，就可以焊接在一起。
- **熔合** 按钮：不需要间距，即可熔合任意两点。
- **连接** 按钮：它用来连接存在间距的两个顶点。使用时将一个顶点拖到另一个顶点上，即可连接。
- **插入** 按钮：这个按钮可对二维图形增加控制点的同时改变物体的形状。
- **设为首顶点** 按钮：选择一个顶点后单击该按钮，可以将该顶点作为起始点。
- **循环** 按钮：首先选中二维物体上的一个顶点，单击此按钮，则按逆时针方向将下一个顶点变为起始点。再次单击依次循环。
- **圆角** 按钮：可对二维图形进行圆角处理，如图 3-10 所示。
- **切角** 按钮：可对二维图形进行切角处理，如图 3-11 所示。

图3-10　对二维图形进行"圆角"处理　　　　图3-11　对二维图形进行"切角"处理

2．编辑"分段"

"分段"有直线与曲线两种，对"分段"进行编辑的过程如下：

进入 ![修改] （修改）面板，在修改器列表位置单击，然后在弹出的修改器列表中选择"编辑样条线"修改器。接着进入 ![分段] （分段）级别，选择视图中的相应分段即可进行移动、变形等操作编辑。此时选中的"分段"显示如图 3-12 所示，"分段"层级参数面板如图 3-13 所示。

编辑"分段"的主要参数含义：

- **断开** 按钮：可以将线段分为两段或多段。单击该按钮后，在被选中二维图形的线段或顶点上单击，可以使此单击点或此顶点所相连的线段分开，图 3-14 所示为利用"断开"按钮断开线段后的移动效果。
- **优化** 按钮：它可以使二维物体在不改变形状的同时增加节点。单击此按钮，在被选中二维物体的线段上单击可以添加节点，从而增加了可以编辑的"分段"数目。如图 3-15 所示。

图3-12 选中"分段"的显示效果

图3-13 "分段"层级参数面板

图3-14 "断开"后的效果

图3-15 "优化"后的效果

- ■隐藏■按钮：在二维物体上选中一段线段，再单击此按钮可以将此"分段"隐藏。如图 3-16 所示。然后单击 全部取消隐藏 按钮，可以将隐藏的"分段"重新显现。
- ■拆分■按钮：可以将被选中的二维物体的线段等分增加节点，如图 3-17 所示。后面的数值为等分增加节点的数目。

图3-16 "隐藏"后的效果

图3-17 "拆分"后的效果

- ◆ 分离 按钮：可以将被选中的线段分离为新的线段。按钮后有三个选项：选中"同一图形"复选框后，单击 分离 按钮，被选中的线段将分离在原处；选中"重定向"复选框后单击该按钮，所分离的线段将在该二维图形的中心轴点对齐；选中"复制"按钮后单击此按钮，则选取的线段将在原处复制；同时选中"重定向"和"复制"复选框再单击此按钮，则选取的线段将保留在原处，而复制分离的线段会对齐在该二维图形的中心轴点。

3．编辑"样条线"

在"样条线"模式下，可以在一个样条对象中选择单个或多个样条，并且可以对它们进行"轮廓"和"布尔"等操作。

对"样条线"编辑的过程如下：

（1）在前视图种绘制两个简单的二维图形，如图 3–18 所示。

（2）进入 （修改）面板，在修改器列表位置单击，在弹出的修改器列表中选择"编辑样条线"修改器。然后进入 （样条线）层级，将它们"附加"成一个整体。接着选择视图中的相应"样条线"即可进行"轮廓"和"布尔"等操作。此时选中的"样条线"显示如图 3–19 所示，"样条线"层级参数面板如图 3–20 所示。

图3–18 创建的图形

图3–19 选中"样条线"显示效果

图3–20 "样条线"层级参数面板

"编辑样条线"的主要参数含义：

- **轮廓** 按钮：生成一个所选择样条的拷贝，并且依据其右边文本框中的数值来向内或向外进行偏移，如图 3-21 所示。当"中心"复选框被选中时，初始样条和复制样条将同时依据要求的数值向相反的方向偏移。

图3-21　"轮廓"前后效果

- **布尔** 按钮：在二维的环境下对所选择的两个封闭样条进行布尔操作，有 （并集）、（相减）和 （相交）3 种情况。"并集"表示合并两个重叠的样条，重叠的部分被移走；"相减"表示从第一个样条中减掉两个样条重叠的部分；"相交"表示只保留两个样条的重叠部分。图 3-22 所示为不同布尔运算后的结果。

（a）附加在一起的两个图形　　　　　　　　　　　（b）并集

（c）相减　　　　　　　　　　　　　　　　　　（d）相交

图3-22　布尔效果

- **镜像** 按钮：用来镜像样条。它包括 水平镜像、 垂直镜像和 双向镜像 3 种不同的方式。

- **修剪**按钮：用来清除一个样条型中两相交样条交点以外的多余部分。
- **延伸**按钮：用来延长一个样条到另一个样条上，并且与另一个样条相交。
- **闭合**按钮：用来封闭被选择的样条，使该样条成为封闭样条。
- **炸开**按钮：将样条对象中的每段都分离成独立的样条。与 **分离** 相比，它更快捷。

3.2.2 "车削"修改器

"车削"修改器是通过二维轮廓线绕一个轴旋转从而生成三维对象。它的原理类似于制作陶瓷。我们通常利用它来制作花瓶、水果等造型。

"车削"修改器的参数面板如图 3-23 所示，参数面板的解释如下：

- 度数：用于控制旋转的角度，范围为 0 ～ 360°，要产生闭合的三维几何体都要将这个值设为 360°。
- 焊接内核：选中该复选框后，系统自动将这部分表面平滑化。但是这个操作有可能不够精确，如果还要进行其他操作，最好不要选中该复选框。
- 翻转法线：用于将物体表面法线反转过来。法线是与物体表面垂直的线，只有沿着物体表面法线的方向才能够看见物体，比如通过基本几何体命令创建出的几何体，其法线方向是向外的，如果在几何体内部，是什么都看不见的。
- 分段：用于提高旋转生成物体的段数。"分段"数值越高，物体越平滑，不同"分段值"的比较如图 3-24 所示。

图3-23 "车削"修改器的参数面板

（a）"分段"为 16

（b）"分段"为 32

图3-24 不同"分段"值的比较

"封口顶端"和"封口末端"：用于控制旋转后的物体顶端和末端是否封闭。

- 方向：用于控制表面轮廓将哪个轴向作为旋转轴，方向栏中有"X"、"Y"和"Z"3个轴向可供选择，图3-25所示的为选择不同轴向旋转后的结果。

(a) X轴　　　　　　　　　　(b) Y轴　　　　　　　　　　(c) Z轴

图3-25　不同方向的比较

- 对齐：用于控制旋转中心的位置。有"最小值"、"中心"和"最大值"3个按钮可供选择。图3-26所示的为3种情况的比较结果。

(a) 最小值　　　　　　　　(b) 中心　　　　　　　　(c) 最大值

图3-26　不同对齐方式的比较

- 输出：用于控制生成物体的类型，有"面片"、"网格"和"NURB"3种类型可供选择。这3种类型也是3ds Max 2016中三维对象的3种基本性质。

3.2.3　"挤出"修改器

"挤出"修改器主要用于将二维样条线快速挤压成三维实体。它的参数面板如图3-27所示。

"挤出"修改器面板的参数解释如下：

- 数量：用于控制拉伸量。
- 分段：用于定义拉伸体的中间段数。
- 封口：用于控制挤出物体是否封闭"顶端"和"末端"。
- 输出：用来决定生成的拉伸体是以面片、网格还是NURB曲线的形式存在。

下面我们将利用"挤出"修改器创建一个三维立体文字，操作步骤如下：

（1）在前视图中利用"文字"工具二维文字"动漫游戏行业"，如图3-28所示。

图3-27　"挤出"修改器的
参数面板

（2）选择文字造型，执行修改器命令面板中的"挤出"命令，设置挤出参数为10，结果如图3-29所示。

图3-28　输入文字

图3-29　"挤出"后的效果

3.2.4　"倒角"修改器

"倒角"修改器与"挤出"修改器一样，也是用于将二维样条线快速挤压成三维实体。与"挤出"修改器相比，"倒角"修改器更加灵活，它可以在"挤出"三维物体的同时，在边界上加入直形或圆形倒角。它的参数面板如图3-30所示。

"倒角"修改器面板的参数解释如下：

- 始端：设置开始截面是否封顶。
- 末端：设置结束截面是否封顶。
- 变形：用于创建变形的封闭面。
- 栅格：用栅格模型创建顶盖面。
- 线性侧面：设置内部边为直线模式，如图3-31所示。
- 曲线侧面：设置内部边为曲线模式，如图3-32所示。

图3-30　"倒角"修改器的参数面板

图3-31　"线性侧面"效果

图3-32　"曲线侧面"效果

- 分段：设置片断数。
- 级间平滑：设置交叉面为光滑面。
- 生成贴图坐标：对对象创建贴图坐标。
- 避免线相交：避免相交产生的尖角。图 3-33 为选中"避免线相交"选项前后的比较。

（a）选中前　　　　　　　　　　　　　　（b）选中后

图3-33　选中"避免直线相交"选项前后比较

- 分离：设置边界线的间隔。
- 起始轮廓：设置轮廓线和原来对象之间的偏移距离。
- 级别 1/ 级别 2/ 级别 3：设置倒角 3 个层次的高度和轮廓。

3.2.5　"倒角剖面"修改器

"倒角剖面"修改器也是一种用二维样条线来生成三维实体的重要方式。在使用这一功能之前，必须事先创建好一个类似路径的样条线和一个截面样条线。它的参数面板比较简单，参数与"倒角"十分相似，如图 3-34 所示。

下面我们使用"倒角剖面"修改器制作一个屋顶木线效果，创建过程如下：

（1）创建两条样条线，如图 3-35 所示。

图3-34　"倒角剖面"修改器　　　　　图3-35　创建两条样条线
　　　　　的参数面板

（2）选择轮廓线，执行修改器中的"倒角剖面"命令，然后单击"选取剖面"后拾取视图中剖面图形，结果如图3-36所示。

图3-36　"倒角剖面"后的效果

（3）此时木线方向与实际是相反的，为了解决这个问题，下面进入 （修改）面板中"剖面Gizmo"层级，利用 工具将其旋转180°即可，结果如图3-37所示。

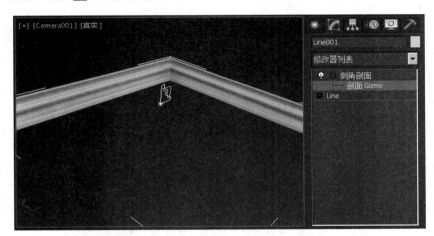

图3-37　旋转"剖面Gizmo"后的效果

3.2.6　"弯曲"修改器

"弯曲"修改器用于对物体进行弯曲处理，可以调节弯曲的角度和方向，以及弯曲依据的坐标轴向，还可以限制弯曲在一定的坐标区域之内，它的参数面板如图3-38所示。

"弯曲"修改器面板的参数解释如下：

- 角度：用于确定弯曲的角度。
- 方向：用于确定相对水平方向弯曲的角度，数值范围1～360°。
- 弯曲轴：此选项中有3个选项，分别为X、Y和Z轴，是弯曲时所依据的方向。
- 限制：对对象指定影响，下面的上下限值来确定影响区域。

图3-38　"弯曲"修改器的参数面板

- 上限：弯曲的上限，此限度以上的区域不会受到弯曲修改。
- 下限：弯曲的下限，此限度以下的区域不会受到弯曲修改。

下面我们使用"弯曲"修改器制作一个实例，操作步骤如下：

（1）创建图 3-39 所示的场景。

（2）进入 （修改）面板，执行修改器中的"弯曲"命令，设置"角度"为 90°，"方向"为 30°，结果如图 3-40 所示。

图3-39　创建的场景

图3-40　"弯曲"后的效果

（3）选中"限制效果"选项，将"上限"设为 30，然后进入 Bend 的 Gizmo 层级，在前视图中向上移动 Gizmo，结果如图 3-41 所示。

图3-41　利用"Gizmo"和"限制效果"调整后的效果

3.2.7　"锥化"修改器

"锥化"修改器可以对对象进行锥化处理，使对象沿指定的轴产生变形的效果。它的参数面板如图 3-42 所示。

"锥化"修改器面板的参数解释如下：

- 数量：设定锥化倾斜的程度。
- 曲线：设定锥化曲度。
- 主轴：用于设定三维对象依据的轴向。有 X、Y、Z 共 3 个轴向可供选择。

图3-42　"锥化"修改器的
参数面板

- 效果：设定影响锥化效果的轴向变化。有 X、Y、XY 共 3 个轴向可供选择。
- 对称：设定一个三维对象是否产生对称锥化的效果。
- 锥化：对锥化产生影响限制。
- 上限：设定锥化的上限。
- 下限：设定锥化的下限。

下面我们使用"锥化"修改器制作一个实例，具体创建过程如下：

（1）在顶视图中创建一个球体，如图 3-43 所示。

（2）进入 ![修改] （修改）面板，执行修改器中的"锥化"命令，设置锥化"数量"为 3，效果如图 3-44 所示。

图3-43　创建的球体

图3-44　将锥化"数量"设为3的效果

（3）再将"曲线"设置为 3，效果如图 3-45 所示。

（4）选中"对称"选项，效果如图 3-46 所示。

图3-45　将锥化"曲线"设为3的效果

图3-46　选中"对称"选项的效果

3.2.8　"噪波"修改器

"噪波"修改器是一种能使物体表面突起、破碎的工具。一般用来创建地面、山脉和水面的波纹等表面不平整的场景。它的参数面板如图 3-47 所示。

"噪波"修改器面板的参数解释如下：

- 种子：设定随机状态，会使三维对象产生不同的形变。

- 比例：设定影响范围，值越小影响越强烈。
- 分形：会产生断裂地形，增加陡峭感，适合于制作山峰。
- 粗糙度：设定表面粗糙的程度，值越大表面越粗糙。
- 迭代次数：设定断裂反复次数，值越大地形起伏越多。
- 强度：X/Y/Z用于设定对象在三个轴向上的强度。
- 动画噪波：用于产生动画噪波。
- 频率：设定默认的噪波的频率，值越高波动速度越快。
- 相位：不同的相位使三维对象的点在波形曲线上偏移不同的位置。

下面我们使用"噪波"修改器制作一个实例，具体创建过程如下：

（1）在顶视图中创建一个平面，参数设置及效果如图3-48所示。

（2）进入 ![图标]（修改）面板，执行修改器中的"噪波"命令。选中"碎片"选项，设置"迭代次数"为6，设置"z"的强度为125，效果如图3-49所示。

图3-47 "噪波"修改器的参数面板

图3-48 创建平面

图3-49 "噪波"效果

3.2.9 "对称"修改器

"对称"修改器用于镜像物体。它的参数面板如图3-50所示。

"对称"修改器面板的参数解释如下：

- X、Y、Z：用于指定执行对称所围绕的轴。可以在选中轴的同时在视口中观察效果。图3-51所示为使用不用镜像轴的对称效果。
- 翻转：如果想要翻转对称效果的方向请启用翻转。默认设置为禁用状态。
- 沿镜像轴切片：勾选"沿镜像轴切片"选项，可以使镜像 Gizmo 在定位于网格边界内部时作为一个切片平面。当 Gizmo 位于网格边界外部时，对称反射仍然作为原始网格的一部分来处理。如果取消勾选"沿镜像轴切片"复选框，对称反射会作为原始网格的单独元素来进行处理。
- 焊接缝：勾选"焊接缝"复选框确保沿镜像轴的顶点在阈值以内时会自动焊接。
- 阈值：用于设置顶点在自动焊接起来之前的接近程度。默认值为 0.1。

图3-50　"对称"修改器的参数面板

图3-51　使用不用镜像轴的"对称"效果

3.2.10　其他常用修改器

1．FFD 修改器

FFD 是 Free Form Deformation 的缩写，它通过调节三维空间控制点来改变物体形状。为物体加入自由变形修改后，在物体周围会出现一个由点、线组成的黄色范围框，调节范围框中的点可影响选择物体的形态。图 3-52 为使用 FFD 修改器的前后效果比较。

图3-52　使用FFD修改器的前后效果比较

2．"拉伸"修改器

"拉伸"修改器用于将物体沿指定的轴向进行拉伸。图 3-53 所示为使用"拉伸"修改器的前后效果比较。

3．"网格平滑"修改器

"网格平滑"修改器可对尖锐不光滑的表面进行光滑处理，加入更多的面来取代直面部分，加的面越多物体就越光滑，运算速度自然也就越慢。图 3-54 所示为使用"网格平滑"修改器的前后效果比较。

图3-53　使用"拉伸"修改器的前后效果比较

图3-54　使用"网格平滑"修改器的前后效果比较

4."晶格"修改器

"晶格"修改器可将网格物体进行线框化，这种线框化比"线框"材质更先进，它是在造型上完成了真正的线框转化，交叉点转化为节点造型（可以是任意正多边形，包括球体）。图 3-55 所示为使用"晶格"修改器的前后效果比较。

图3-55　使用"晶格"修改器的前后效果比较

5."扭曲"修改器

"扭曲"修改器用于对物体或物体的局部在指定轴向上产生倾斜变形。图 3-56 所示为使用"扭曲"修改器的前后效果比较。

图3-56 使用"扭曲"修改器的前后效果比较

6．"置换"修改器

"置换"修改器可将贴图覆盖到物体表面，根据图像颜色的"深浅"对物体进行凹凸处理。图3-57所示为使用"置换"修改器的前后效果比较。

图3-57 使用"置换"修改器的前后效果比较

7．"面挤出"修改器

"面挤出"修改器用于将选择的面进行挤出处理。图3-58所示为使用"面挤出"修改器的前后效果比较。

图3-58 使用"面挤出"修改器的前后效果比较

8．"路径变形(WSM)"修改器

"路径变形（WSM）"修改器用于将样条线或NURBS曲线作为路径来变形对象。可以沿着该路径移动和拉伸对象，也可以根据该路径旋转和扭曲对象。图3-59所示为使用"路径变形"修改器为蛇创建一个摆动动作。

图3-59　为蛇创建一个摆动动作

3.3　实例讲解

本节将通过"制作足球效果"、"制作路径变形效果"、"制作展开的竹简效果"和"制作山脉效果"4个实例来讲解编辑修改器在实践中的应用。

3.3.1　制作足球效果

　要点

　　本例将制作一个足球，效果如图3-60所示。通过本例的学习，应掌握"网格平滑"、"球形化"和"面挤出"修改器的综合使用。

图3-60　足球效果

　操作步骤：

（1）单击菜单栏左侧的快速访问工具栏中的█按钮，然后从弹出的下拉菜单中选择"重置"

命令，接着在弹出的对话框中单击"确定"按钮，重置场景。

（2）单击 ■（创建）面板中的 ◎（几何体）按钮，然后在下拉列表框中选择 扩展基本体 ▼，接着单击"异面体"按钮，在顶视图中创建一个异面体，设置参数及结果如图 3-61 所示。

图3-61　创建"异面体"

（3）右击视图中的异面体，在弹出的快捷菜单中选择"转换到|转换为可编辑的网格物体"命令，将其转换为可编辑的网格物体。

（4）进入 ◢（修改）面板"可编辑网格"的 ▣（多边形）层级，然后选择视图中的所有面，单击"炸开"按钮，如图 3-62 所示，将所有的面炸开。

图3-62　将"异面体"所有的面炸开

（5）退出 ▣（多边形）层级，然后执行修改器下拉列表中的"网格平滑"命令，设置参数及结果如图 3-63 所示。

图3-63 "网格平滑"后的效果

（6）此时看上去变化不大，下面执行修改器下拉列表中的"球形化"命令，设置参数及结果如图 3-64 所示。此时的变化就很明显。

图3-64 "球形化"后的效果

（7）执行修改器下拉列表中的"面挤出"命令，设置参数及结果如图 3-65 所示，从而制作出足球纹理。

图3-65 "面挤出"后的效果

如果不执行"网格平滑"修改器，而只执行"球形化"修改器是不会产生图 3-65 所示的平滑效果的。

（8）执行修改器下拉列表中的"网格平滑"命令，设置参数及结果如图 3-66 所示，从而制作出足球的平滑效果。

（9）赋予足球模型"多维／子对象"材质，然后单击工具栏中的 （渲染产品）按钮，渲染后效果如图 3-67 所示。

图3-66 "网格平滑"后的效果

图3-67 渲染后的效果

3.3.2 制作路径变形动画效果

要点

修改器命令不仅能对模型进行修改，而且可以制作动画，本例我们将利用"路径变形"修改器来制作路径变形动画效果，如图 3-68 所示。通过本例的学习，应掌握利用"路径变形"修改器来制作动画的方法。

图3-68 路径变形动画效果

操作步骤：

（1）单击菜单栏左侧的快速访问工具栏中的 按钮，然后从弹出的下拉菜单中选择"重置"命令，接着在弹出的对话框中单击"确定"按钮，重置场景。

（2）在顶视图中创建一条"螺旋线"和一架"目标"摄像机，然后选择透视图，按键盘上的【C】键，将透视图切换为 Camera01 视图。效果如图 3-69 所示。

图3-69　创建螺旋线

（3）单击█（创建）命令面板下█（几何体）中的　长方体　按钮，在顶视图中创建一个长方体，设置参数及结果如图 3-70 所示。

图3-70　创建长方体

（4）单击█（创建）命令面板下█（图形）中的　文本　按钮，在顶视图中创建文字 www.chinadv.com.cn，参数设置及文字放置位置如图 3-71 所示。

图3-71　创建文字

（5）指定给长方体一个螺旋线运动路径。方法：选择场景中的长方体，进入 （修改）面板，执行修改器下拉列表中的"路径变形（WSM）"命令，如图 3-72 所示。然后单击 抬取路径 按钮后拾取视图中的螺旋线，接着单击 转到路径 按钮后调节其余参数，效果如图 3-73 所示。

💡 **提示**

此时选择的是"路径变形（WSM）"修改器而不是"路径变形"修改器。

图3-72 选择"路径变形（WSM）"

图3-73 绑定到路径效果

（6）激活 自动关键点 按钮，然后将时间滑块移动到第 0 帧，设置参数如图 3-74 所示。接着将时间滑块移动到第 100 帧，设置参数如图 3-75 所示。此时长方体即可沿螺旋线运动。

图3-74 在第0帧设置参数

图3-75 在第100帧设置参数

（7）给文字指定一个螺旋线运动路径。方法：右击长方体堆栈中的"路径变形（WSM）"，在弹出的快捷菜单中选择"复制"命令。然后选择场景中的文字，在堆栈右击，在弹出的**快捷**

菜单中选择"粘贴"命令。此时文字就被指定了一个与长方体参数一致的修改器。

（8）赋给长方体材质和背景，然后将文件进行输出，效果如图3-76所示。

图3-76　路径变形动画效果

3.3.3　制作展开的竹简效果

要点

本例将制作一个竹简展开的动画效果，如图3-77所示。通过本例的学习，应掌握利用"路径变形（WSM）"修改器来制作动画的方法。

图3-77　竹简展开的动画效果

操作步骤：

1．制作竹简展开的路径

（1）单击菜单栏左侧的快速访问工具栏中的按钮，然后从弹出的下拉菜单中选择"重置"命令，接着在弹出的对话框中单击"确定"按钮，重置场景。

（2）在前视图中创建一个螺旋线，参数设置及效果如图3-78所示。然后利用工具栏中的（选择并旋转）工具将其沿Z轴旋转一定角度，如图3-79所示。

图3-78　创建螺旋线　　　　　　　　　　　图3-79　旋转螺旋线

（3）右击视图中的螺旋线，从弹出的快捷菜单中选择"转换为|转换为可编辑样条线"命令，如图 3-80 所示，将其转换为可编辑的样条线。

（4）进入可编辑的样条线的 ⋯（顶点）层级，在前视图中移动顶点的位置，如图 3-81 所示。最后再次单击 ⋯（顶点）按钮，退出顶点编辑模式。

图3-80 选择"转换为可编辑样条线"命令

图3-81 调整顶点的位置

2．制作单个竹简和竹简上的绳子模型

（1）在前视图中创建一个长方体，参数设置及效果如图 3-82 所示。然后右击视图中的长方体，从弹出的快捷菜单中选择"转换为|转换为可编辑的多边形"命令，将其转换为可编辑得多边形。

图3-82 创建长方体

（2）进入可编辑多边形的 ◇（边）级别，然后选择图 3-83 所示的边，单击 切角 按钮，接着对选择的边进行切角处理，效果如图 3-84 所示。

（3）同理，选择图 3-85 所示的边，进行切角处理，效果如图 3-86 所示。

图3-83 选择边，单击"切角"按钮

图3-84 切角效果

图3-85 选择边，单击"切角"按钮

图3-86 切角效果

（4）制作作为竹简上的绳子模型。方法：进入可编辑多边形的▣（多边形）级别，选择图 3-87 所示的多边形，然后按住键盘上的【Shift】键向下移动，在弹出的对话框中设置如图 3-88 所示，单击"确定"按钮，从而复制出多边形，如图 3-89 所示。

图3-87 选择多边形

图3-88 设置克隆参数

图3-89 复制并移动多边形效果

（5）对复制后的多边形进行厚度处理。方法：再次单击■（多边形）按钮，退出此对象级别，然后选择复制后的多边形对象，执行修改器下拉列表中的"壳"命令，参数设置及效果如图 3-90 所示。接着利用工具栏中的■（选择并匀称缩放）工具对壳处理后的对象在垂直方向上进行适当缩小，最后，为了便于区分，为壳处理后的模型赋予一种蓝紫色，效果如图 3-91 所示。

图3-90 参数设置及效果

图3-91 适当缩放对象

（6）选择厚度处理后的模型，利用工具栏中的✥（选择并移动）工具，配合键盘上的【Shift】键向下移动，在弹出的对话框中进行设置，如图 3-92 所示，单击"确定"按钮，从而复制出一个模型，如图 3-93 所示。

图3-92 设置复制参数

图3-93 复制模型

（7）制作连接竹简之间的绳子模型。方法：在前视图中创建一个管状体，如图 3-94 所示。然后将其转换为可编辑的多边形后，进入 ⬚（顶点）级别，调整顶点的位置，如图 3-95 所示。接着再次单击 ⬚（顶点）按钮退出顶点级别。最后利用工具栏中的 ✛（选择并移动）工具，配合键盘上的【Shift】键将其沿 Y 轴向下移动，从而复制出一个模型，如图 3-96 所示。

图3-94　创建一个管状体

图3-95　调整顶点的位置

图3-96　复制模型

（8）为了便于复制其余的相关模型，下面将竹简和所有作为绳子的模型附加成一个整体。方法：选择竹简模型，单击"附加"右侧的■按钮，如图3-97所示，然后在弹出的对话框中选择所有作为绳子的模型名称，如图3-98所示，单击"附加"按钮即可。

图3-97 单击"附加"右侧的■按钮

图3-98 选择所有作为绳子的模型名称

3．制作出整个竹简模型

（1）选择附加后的模型，然后在前视图中利用工具栏中的✛（选择并移动）工具，配合键盘上的【Shift】键将其沿X轴向右移动，然后在弹出的对话框中进行设置，如图3-99所示，单击"确定"按钮，结果如图3-100所示。接着进入▣（元素）层级，选中复制后的多余绳子模型进行删除，结果如图3-101所示。

（2）将整个竹简模型附加成一个整体。方法：选择最左侧的竹简模型，单击"附加"右侧的■按钮，如图3-102所示，然后在弹出的对话框中选择其余竹简的模型名称，如图3-103所示，单击"附加"按钮即可。

图3-99 设置克隆参数

图3-100 复制后效果

图3-101 删除多余的绳子模型的效果

图3-102　单击"附加"右侧的■按钮

图3-103　选择所有竹简模型的名称

（3）制作竹简展开动画。方法：选择整个竹简模型，执行修改器下拉列表中的"路径变形（WSM）"命令，然后单击"拾取路径"按钮后拾取视图中作为竹简展开路径的螺旋线，并设置参数如图3-104所示。接着激活自动关键点按钮，将时间线滑块移动到第0帧的位置，设置参数如图3-105所示，再将时间线滑块移动到第100帧的位置，设置参数如图3-106所示。最后再次单击自动关键点按钮，停止动画录制。

图3-104　设置"路径变形（WSM）"参数及效果

图3-105　在第0帧设置参数

图3-106　在第100帧设置参数

（4）制作摄像机动画。方法：在左视图中创建一架"目标"摄像机，然后选择透视图，按快捷键【C】，将透视图切换为摄像机视图。接着在其他视图中调整摄像机的位置和角度，如图3-107所示。最后激活 自动关键点 按钮，将时间线滑块移动到第100帧的位置，再调整摄像机的位置，如图3-108所示。

图3-107 创建摄像机

图3-108 在第100帧调整摄像机的位置

（5）至此，整个动画制作完毕。下面赋给竹简材质和背景，将文件进行输出，结果如图 3-109 所示。

图3-109　展开的竹简效果

3.3.4　制作山脉效果

 要点

本例将制作一个山脉造型，如图 3-110 所示。学习本例，读者应掌握利用"置换"修改器来制作山脉造型的方法。

图3-110　山脉效果

 操作步骤：

（1）单击菜单栏左侧的快速访问工具栏中的 ![按钮] 按钮，然后从弹出的下拉菜单中选择"重置"命令，接着在弹出的对话框中单击"确定"按钮，重置场景。

（2）单击 ![] （创建）命令面板下 ![] （几何体）中的 平面 按钮，在顶视图中创建一个平面体，参数设置及结果如图 3-111 所示。

（3）进入 ![] （修改）命令面板，执行修改器下拉列表中的"置换"命令，然后单击工具栏上的 ![] （材质编辑器）按钮，进入材质编

图3-111　创建平面体

辑器。接着选择一个空白的材质球，展开"贴图"卷展栏，指定给"置换"右侧的"无"按钮一个"遮罩"贴图，如图3-112所示。

（4）将"遮罩"贴图拖到"置换"修改器"贴图"选项下的"无"按钮上，在弹出的对话框中选择"实例"单选按钮，如图3-113所示，并将"强度"值设为150，如图3-114所示。

图3-112　指定"遮罩"贴图　　　　图3-113　选择"实例"　图3-114　设置"强度"

（5）制作山脉的凹凸效果。方法：在材质编辑器中单击"置换"右侧的 贴图 #1（Mask） 按钮，进入"遮罩"参数设置，然后单击"贴图"右侧的 无 按钮，在弹出的"材质／贴图浏览器"对话框中选择"噪波"贴图，如图3-115所示。然后单击"确定"按钮，进入噪波参数面板，设置参数如图3-116所示。此时视图中的显示效果如图3-117所示。

图3-115　"遮罩"面板　　　　　　　图3-116　"噪波"参数面板

图3-117　显示效果

（6）为了使山脉凹凸效果更加丰富，下面单击材质编辑器工具栏中的█按钮，回到上一级面板，然后单击"遮罩"右侧的█无█按钮，在弹出的"材质／贴图浏览器"对话框中选择"遮罩"贴图，如图3-118所示，单击"确定"按钮，进入第2个"遮罩"贴图的设置。

图3-118　指定给"遮罩"一个"遮罩"贴图类型

（7）在第2个"遮罩"的贴图设置中，指定给"贴图"右侧按钮一个"噪波"贴图，参数设定如图3-116所示，此时视图中的山脉凹凸效果更加丰富了，如图3-119所示。下面单击材质编辑器工具栏上的█按钮，查看材质分布，结果如图3-120所示。

图3-119　显示效果

图3-120　材质分布

（8）制作出山脉和平地高低起伏的效果。方法：单击材质编辑器工具栏中的█按钮，回到上一级面板，指定给第2个"遮罩"右侧按钮一个"遮罩"贴图（此时这个"遮罩"贴图是第3次使用了），并进入第2个"遮罩"贴图的参数设置。然后指定给"贴图"右侧按钮一个"噪波"贴图，参数设定如图3-121所示，此时视图中的显示效果如图3-122所示。接着单击材质编辑器工具栏上的█按钮，查看材质分布，如图3-123所示。

（9）制作出近处平地远处山脉的效果。方法：单击材质编辑器工具栏中的█按钮，回到上一级面板，指定给"遮罩"右侧█████无█████按钮一个"渐变"贴图，设置Color#1、Color#2和Color#3的颜色如图3-124所示。

图3-121 设置"噪波"参数

图3-122 显示效果

图3-123 材质分布

图3-124 指定"渐变"贴图

（10）至此，山脉制作完毕，效果如图3-125所示。下面单击材质编辑器工具栏上的█按钮，查看整个山脉的材质分布，如图3-126所示。

图3-125　山脉效果

图3-126　山脉材质分布

（11）为了便于观察，下面进入 （摄影机）命令面板，单击 目标 按钮，在顶视图中创建一架目标摄像机。然后赋予山脉一个白色材质，再选择透视图，按【C】键，将透视图切换为Camera01 视图，接着适当调节摄像机的位置，获得最佳视角，效果如图 3-127 所示。

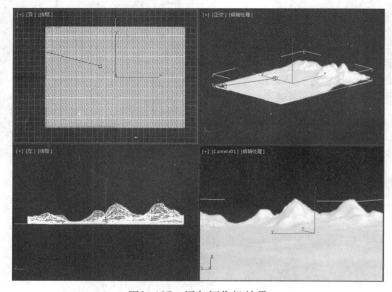

图3-127　添加摄像机效果

课 后 练 习

1. 填空题

（1）利用_____可以通过截取三维几何体的剖面而获得的二维图形。

（2）编辑样条线修改器是专门编辑二维图形的修改器，它分为_____、_____和_____3 个级别。

2. 选择题

（1）利用_____修改器可以将二维图形转换为三维物体。

    A. 车削   B. 挤出   C. 倒角   D. 倒角剖面

（2）利用_____修改器可将贴图覆盖到物体表面，根据图像颜色的"深浅"对物体进行凹凸处理。

    A．变换   B．置换   C．晶格   D．扭曲

3．问答题 / 上机题

（1）简述"编辑样条线"修改器各级别的参数含义。

（2）练习：利用"噪波"和 FFD 修改器制作山脉效果，如图 3-128 所示。

图3-128　练习效果

第4章

复合建模和高级建模

在前面各章中讲解了在 3ds Max 中的基础建模，以及通过修改器对基本模型进行修改产生新模型的方法。然而这些建模方式只能够制作一些简单的或者很粗糙的模型，要想表现和制作一些更加精细、真实复杂的模型就要使用复合建模和高级建模的技巧才能实现。通过本章学习应掌握以下内容：

- 复合建模的类型。
- 常见复合建模的方法。
- 高级建模的类型。
- 网格和多边形两种常用高级建模的方法。

4.1　复合建模

复合对象，就是将两个或者多个简单对象组合成一个新的对象。

执行菜单中的"创建|复合"命令或选择 （创建）面板中的（几何体）下拉列表中的"复合对象"选项，均可进入"复合对象"面板，如图 4-1 所示。在 3ds Max 2016 中包括 12 种复合对象的类型，它们分别是变形、散布、一致、连接、水滴网格、图形合并、布尔、地形、放样、网格化、ProBoolean 和 ProCutter。

本节将着重讲解变形、水滴网格、布尔和放样 4 种常用的复合建模的方法。

图4-1　"复合对象"
面板

4.1.1　变形

"变形"复合对象是通过把一个对象中初始对象的顶点插补到第二个对象的顶点位置上，从而创建"变形"动画。原始对象称为"基本"对象，第二个对象称为"目标"对象。"基本"对象和"目标"对象都必须有相同的顶点数。一个"原始"对象可以变形为几个"目标"对象。

"变形"对象的参数用于控制变形操作，它包括"拾取目标"和"当前对象"两个卷展栏，其参数面板如图 4-2 所示。

1.　"拾取目标"卷展栏

"拾取目标"卷展栏用于控制所选取的目标对象。

- 单击"拾取目标"按钮后，可在场景中获得将要进行变形的目标对象。

- "拾取目标"按钮下面的 4 个单选按钮用于产生对象的 4 种变形，与复制对象完全相同，这 4 种形式分别为"参考"、"复制"、"移动"和"实例"。

2. "当前对象"卷展栏

"当前对象"卷展栏用于控制变形操作的对象。

- "变形目标"列表框中显示了所有处于编辑状态中的变形目标对象。

- "变形目标名称"栏中显示所选择的变形对象。

- "创建变形关键点"按钮用于建立变形动画关键帧，需配合时间滑块使用。

图4-2 "变形"参数面板

- "删除变形目标"按钮用于删除编辑状态的目标对象。

对于变形的使用方法，这里用一个实例来简单说明一下，具体过程如下：

（1）在视图中创建一个"圆柱体"，然后复制 3 个，如图 4-3 所示。

（2）选择第二个"圆柱体"，进入 （修改）面板，执行修改器下拉列表中的"编辑网格"命令，接着进入 （顶点）层级，选中"使用软选择"复选框，如图 4-4 所示。

图4-3 创建对象

图4-4 "软选择"卷展栏

（3）对"顶点"进行编辑，结果如图 4-5 所示。

（4）同理，对剩下的两个"圆柱体"进行编辑，如图 4-6 所示。

（5）选中原对象，单击"复合对象"面板中的 变形 按钮。在"拾取目标"卷展栏中单击"拾取目标"按钮并单击"复制"单选按钮，如图 4-7 所示。

（6）激活 自动关键点 按钮，然后分别在不同帧拾取不同变形的圆柱体。接着关闭 自动关键点 按钮，停止录制动画。最后单击 按钮，播放动画，即可看到圆柱体的变形动画。

图4-5 编辑"顶点"

图4-6　编辑其余对象

图4-7　"选取目标"卷展栏

4.1.2　水滴网格

"水滴网格"复合对象非常适合制作流动的液体和软的可融合的有机体。这种复合对象的原对象可以是几何体，也可以是以后要讲的粒子系统，它的参数面板如图4-8所示。

1．"参数"卷展栏

"水滴网格"的参数面板用于控制水滴的所有属性。

- "大小"数值框用于控制"变形球"在原对象上的大小，这个数值只有在原对象是集合体的时候才生效。如果是粒子系统，它的大小只能由粒子系统来控制。
- "张力"数值框用于控制水滴之间的吸引力，这个值最大为1，此时两个比较靠近的"变形球"会融合到一起。

图4-8　"水滴网格"参数面板

- "计算粗糙度"用于控制"变形球"的粗糙程度，而"渲染"和"视口"数值框则分别控制它的粗糙程度。数值越低，"变形球"的表面越平滑。当然，节点也会越多。
- "相对粗糙度"复选框用于控制"计算粗糙度"值。当选中该复选框时，"渲染"和"视口"的数值则可生效。
- "使用软选择"复选框用于控制水滴的规则度。
- "最小大小"数值框用于控制软选择情况下水滴的最小值。
- "大型数据优化"复选框用于控制水滴网格的质量。当选中该复选框后，会减少"变形球"的节点数量。
- "在视口内关闭"复选框用于控制是否在视口中显示水滴的效果。
- "水滴对象"选项组用于控制水滴的生成。"水滴对象"下的列表框用于显示原对象的名称。水滴网格可添加多个原对象作为水滴网格对象。

2．"粒子流参数"卷展栏

"粒子流参数"卷展栏针对的是粒子系统。"粒子流事件"选项组用于添加和删除粒子。

对于水滴网格的使用方法，这里用一个实例来简单说明一下，具体过程如下：

（1）单击 （创建）命令面板中的 （几何体）按钮，进入几何体面板，然后单击 圆锥体 按钮，接着在顶视图中创建一个圆锥体。

（2）进入 （修改）面板，设置圆锥体的参数及结果如图4-9所示。

图4-9　圆锥体及参数设置

（3）此时如果将"水滴网格"应用于这个圆锥体，所有熔岩会完全直线流下，这样不太真实，因此需要给火山形状添加一些噪波。方法：选择圆锥体，进入 （修改）面板，执行修改器下拉列表中的"噪波"命令，参数设置及结果如图4-10所示。

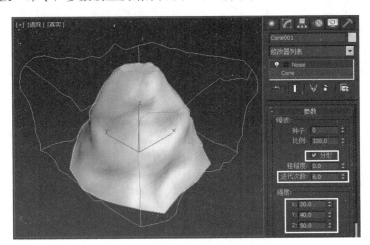

图4-10　"噪波"参数设置及结果

（4）单击"复合对象"面板中的 水滴网格 按钮，在顶视图中创建一个"水滴网格"对象，参数设置及结果如图4-11所示。

（5）进入 （修改）面板，单击"水滴对象"选项组中的"拾取"按钮，然后拾取视图中的圆锥体，结果如图4-12所示。

图4-11　创建"水滴网格"对象

图4-12　熔岩效果

4.1.3　布尔

"布尔"复合对象是一种逻辑运算方法，当两个对象交叠时，可以对它们执行不同的"布尔"运算以创建独特的对象。结合其他编辑工具，可以得到千姿百态的造型。"布尔"运算包括"并集"、"交集"、"差集（A-B）"、"差集（B-A）"和"切割"。

"布尔"运算的操作与别的复合对象并没有什么不同，选中其中一个操作对象后，进入"布尔"运算的创建命令面板，单击"提取操作对象B"按钮后，在场景中就能够选择另一个操作对象。

"布尔"运算的"拾取布尔"卷展栏的参数，如图4-13所示。它用于控制"布尔"运算的运算方法以及显示运算对象的名称。"操作"选项组用于控制布尔运算的具体算法，下面的5个单选按钮分别代表5种操作算法。图4-14所示为创建的一个正方体和与其内部有相交区域的球体。

图4-13　"拾取布尔"
参数面板

选择视图中的正方体，然后单击"布尔"按钮后，再单击"并集"单选按钮，接着单击"拾取操作对象B"按钮后拾取视图中的球体，此时会将两个对象合成一个对象，如图4-15所示。

单击"交集"单选按钮，再单击"拾取操作对象B"按钮后拾取视图中的球体，此时只保留两个对象的交叠部分，如图4-16所示。

单击"差集（A−B）"单选按钮，再单击"拾取操作对象B"按钮后拾取视图中的球体，此时会从一个对象减去与另一个对象的交叠部分，如图4-17所示。

单击"差集（B−A）"单选按钮的结果与"差集（A−B）"相反，如图4-18所示。

图4-14　创建一个正方体和一个球体

图4-15　并集

图4-16　交集

图4-17　差集（A−B）

图4-18　差集（B−A）

单击"剪切"单选按钮，可以像"差集"运算那样剪切一个对象，但它只保留的是剪切部分。下面有4个单选按钮分别代表4种"剪切"的方式。单击"优化"单选按钮，可将对象A被剪的部分加上额外的顶点形成完整的表面；单击"分割"单选按钮，不仅修饰被剪部分，还要修饰剪的部分；单击"移除内部"单选按钮，会将与对象B重合的内表面全部移除，如图4-19所示；单击"移除外部"单选按钮，会将与对象B重合的外表面全部移除，如图4-20所示。

图4-19　移除内表面

图4-20　移除外表面

> **提示**
>
> 　　在执行"布尔"运算时对不合适的对象可能会产生错误，应避免以下几点：
> 　　（1）网格对象避免又长又窄的多边形面，边与边的长宽比例应该小于 4∶1。
> 　　（2）避免使用曲线，曲线可能会自己折叠起来，引起一些问题，如需使用曲线，尽量不要与其他的曲线相交，且把曲率保持到最小。
> 　　（3）不要链接任何"布尔"运算之外的对象。
> 　　（4）保持所有表面法线是一致的。
> 　　（5）如果两个以上的物体进行"布尔"运算，需将主物体以外的其余物体结合成一个整体后再进行布尔运算。

　　对于布尔的使用方法，这里用一个实例来简单说明一下，具体过程如下：

　　（1）在场景中创建一个"球体"，如图 4-21 所示。

　　（2）单击工具栏中的 （选择并均匀缩放）按钮，按住键盘上的【Shift】键，复制一个比"球体"稍微缩小一些的球体，如图 4-22 所示。

图4-21　创建"球体"

图4-22　复制"球体"

　　（3）在选中复制出的里面"球体"的情况下，在"复合对象"面板中单击 布尔 按钮，在"运算"选项组中选中"差集（B-A）"单选按钮。

　　（4）单击 拾取操作对象B 按钮后，选择外边大一点的原"球体"，结果如图 4-23 所示。

　　（5）单击 （选择并均匀缩放）按钮，将球体沿 Y 轴进行拉伸，如图 4-24 所示。然后将其转换为可编辑的网格物体。

　　（6）在如图 4-25 所示位置创建"长方体"，并适当增加其"段数"。

（7）进入 （修改）命令面板，执行修改器下拉列表中的"网格选择"命令，然后进入▣（多边形）层级，单击工具栏中的 按钮，使之变为 模式。接着选中"长方体"顶部所有的面，如图 4-26 所示。

图4-23　进行"布尔"运算

图4-24　进行缩放

图4-25　创建长方体

图4-26　选中长方体顶面

（8）进入 （修改）命令面板，执行修改器下拉列表中的"噪波"命令，参数设置及效果如图 4-27 所示。

（9）将"长方体"转换为可编辑网格物体，然后选中"球体"，单击复合对象面板中的 布尔 按钮，再单击"差集（A-B）"按钮，接着单击 拾取操作对象B 按钮后拾取视图中的"长方体"，结果如图 4-28 所示。

图4-27　"噪波"参数设置及效果

图4-28　破碎的蛋壳效果

4.1.4 放样

"放样"复合对象是来自造船的工业术语，它描述了造船的一种方法，使用这种方法可以创建并定位横截面，然后沿着横截面的长度生成一个表面。"放样"的原理实际上就是"旋转"和"挤压"的延伸。

若要创建"放样"对象，至少需要两个样条曲线形状：一个用于定义"放样"的路径，另一个用于定义它的横截面，如图 4-29 所示。再创建了样条曲线后，选择 ⭐（创建）面板中的 ⬤（几何体）下拉列表中的"复合对象"选项，则会启用"放样"按钮，此时放样的参数面板如图 4-30 所示。

图4-29 "放样"路径和截面图形

图4-30 "放样"参数面板

1. "创建方法"卷展栏

"创建方法"卷展栏用于控制获取"放样"对象的方法。

- 单击 获取路径 按钮后，首选的样条曲线将作为横截面，下一条选定的样条曲线将作为路径。
- 单击 获取图形 按钮后，首选的样条曲线将作为路径，下一条选定的样条曲线将作为横截面。
- "移动"、"复制"和"实例"3 个单选按钮代表生成的"放样"对象与原线条之间的 3 种关系。用"移动"方式产生放样对象后，原来的二维线条就不存在了；复制对象有"复制"和"实例"两种方式，在这里"实例"为编辑操作提供了更为方便、直观的方法。

2. "曲面参数"卷展栏

"曲面参数"卷展栏用于控制曲面的平滑度与纹理贴图。

- "平滑"选项组用于控制"放样"对象的曲面平滑度。如果不选中"平滑长度"复选框，放样对象将不进行横向平滑，如图 4-31 所示；如果不选中"平滑宽度"复选框，放样对象将不进行纵向平滑，如图 4-32 所示。

图4-31 不选中"平滑长度" 　　　　　图4-32 不选中"平滑宽度"

- "贴图"与"材质"选项组用于控制纹理贴图，通过设置贴图，"放样"对象可实现长度和宽度方向的重复次数。

3．"路径参数"卷展栏

"路径参数"卷展栏用于控制"放样"路径的不同位置，定位几个不同的横截面图形。

- "路径"数值框是根据下面的"百分比"及"距离"单选按钮来确定新形状插入的位置。
- "捕捉"数值框则要选中后面的"启用"复选框才可生效，打开后可沿路径的固定距离进行捕捉。
- 单击"路径步数"单选按钮后，沿顶点定位的路径可以用一定的步数定位新形状。卷展栏下面的 3 个按钮分别有不同的用途。

🖱 （选取图形）：选定要插入到指定位置的新横截面样条曲线。

🖱 （上一个图形）：沿"放样"路径移动到前一个横截面图形。

🖱 （下一个图形）：沿"放样"路径移动到后一个横截面图形。

4．"蒙皮参数"卷展栏

"蒙皮参数"卷展栏用于控制"放样"对象内部的属性。

1）"封口"选项组

"封口"选项组用于控制放样对象的封闭端点。

- 选中"封口始端"和"封口末端"复选框可以指定是否在放样的任何一端添加端面，如图 4-33 所示为选中"封口始端"选项的前后比较。

　（a）选中"封口始端"选项　　　　　　（b）未选中"封口始端"选项

图4-33 选中"封口始端"选项的前后比较

- "变形"和"栅格"单选按钮用于控制"封口始端"和"封口末端"的端面类型。

2）"选项"选项组

"选项"选项组是用于控制曲面外观的选项。

- "图形步数"和"路径步数"两个数值框用于设置每个放样图形中的段数以及沿路径每个分界之间的段数，图4-34所示为不同"图形步数"值的比较。

图4-34　不同"图形步数"值的比较

- 选中"优化图形"或"优化路径"复选框后，将删除不需要的边或顶点，从而降低放样的复杂度。选中"自适应路径步数"复选框后将会自动确定路径使用的步数进行优化。
- 选中"轮廓"复选框后将确定横截面图形如何与路径排列。如不选中这个复选框，路径改变方向时横截面图形仍会保持原方向。
- 选中"倾斜"复选框后，路径弯曲时横截面图形会发生旋转。
- 选中"恒定横截面"复选框后将会按比例变换横截面，使它们沿路径保持一致的宽度。
- 选中"线性插值"复选框后，将在不同的横截面图形之间创建直线边。
- 选中"翻转法线"复选框后，将纠正放样对象法线的翻转处，一般用来将放样对象的表皮进行翻转。
- 选中"四边形的边"复选框后，将创建四边形，以连接相邻的边数相同的横截面图形。
- 选中"变换降级"复选框后，变换此对象时，放样曲面会消失，在横截面移动时可使横截面区域看起来更直观。

5．"变形"卷展栏

3ds Max 2016提供了几个编辑工具，专门针对放样对象。在创建放样对象时是没有"变形"卷展栏的，只有在创建后进入 ✎（修改）面板就会出现"变形"卷展栏。

这个卷展栏包括了5个按钮，分别为"缩放"、"扭曲"、"倾斜"、"倒角"和"拟合"。这5个按钮打开后都有相似的编辑面板，其中包含控制点和一条用来显示应用效果程度的线。按钮右边的 按钮是用于激活或禁用的效果。

1）缩放

这里的缩放功能绝不是工具栏上的同名按钮所能实现的，创建一个放样对象后，进入编辑命令面板，单击打开"变形"卷展栏中的 缩放 按钮，弹出"缩放变形"面板，如图4-35所示。

这个面板具有一定的代表性，其余几种编辑工具的使用与操作方式几乎与之相同。面板最上方的是操作按钮，中间的是变形曲线视窗，下面的是视窗调整按钮。

图4-35 "缩放变形"面板

(均衡)：变形曲线将被锁定，在"X"和"Y"轴上对称。

(显示 X 轴)：使控制"X"轴的曲线是可见的。

(显示 Y 轴)：使控制"Y"轴的曲线是可见的。

(显示 XY 轴)：使两条轴向同时显示出来。

(交换变形曲线)：轴向变形情况互相调换。

(移动控制点)：使用它可以移动控制点，其中还包括 (水平)和 (垂直)移动。通过移动控制点，可对放样对象进行缩放。

(缩放控制点)：按比例缩放控制点，改变曲线的形状。

(插入角点)：在变形曲线上插入新点，其中还包含 (贝塞尔曲线)。通过插入新点，可在放样对象的任何位置进行缩放。

(删除控制点)：删除当前所选控制点。

(重置曲线)：将曲线恢复到未变化前的形状。

(平移)：移动变形曲线视窗。

(最大化显示)：最大化显示曲线范围，其中还包含 (水平方向最大化显示)和 (垂直方向最大化显示)。

(缩放)：放大或缩小变形曲线，其中还包含 (水平缩放)和 (垂直缩放)。

(缩放区域)：用鼠标框选区域进行缩放。

2）扭曲

放样对象的"扭曲"操作与参数编辑器中的"扭曲"编辑效果完全相同。具体的编辑方法与"缩放"基本相似，只是变形曲线反映的是扭曲的程度，而不是缩放的程度，"扭曲变形"面板如图 4-36 所示。

图4-36 "扭曲变形"面板

3）倾斜

"倾斜"操作就是将放样对象的横截面围绕它的局部 X 轴或 Y 轴进行旋转。结果与"等高线"复选框生成的结果类似。

"倾斜"视窗包含两条线，一条红线和一条绿线。红线是 X 轴旋转，绿线是 Y 轴旋转。默认情况下，两条曲线都定位于 0。"倾斜变形"面板如图 4-37 所示。

图4-37　　"倾斜变形"面板

4）倒角

"倒角"编辑的目的是将放样对象的尖锐棱角变得圆滑。"倒角"编辑与前面的编辑方法基本相同，都是在相应的面板中进行，要注意"倒角"编辑曲线的纵坐标值代表"倒角"的程度，"倒角变形"面板如图 4-38 所示。

图4-38　　"倒角变形"面板

"倒角"视窗也可以用于选择 3 种不同的倒角类型。

■（法线倒角）：不管路径角度如何，生成带有平行边的标准倾斜角。

■自适应（线性）：根据路径度，线性地改变倾斜角。

■自适应（立方）：基于路径角度，用立方体样条曲线来改变倾斜角。

5）拟合

"拟合"相对前几种编辑工具来说更为复杂些。它不是利用变形曲线来控制变形的程度，而是利用对象的顶视图和侧视图来描述对象的外表形状。"拟合变形"面板如图 4-39 所示，该面板主要工具按钮含义如下。

图4-39 "拟合变形"面板

⟷（水平镜像）：在水平方向镜像变换曲线。

↕（垂直镜像）：在垂直方向镜像变换曲线。

↰（逆时针旋转90度）：将拟合图形逆时针旋转90°。

↳（顺时针旋转90度）：将拟合图形顺时针旋转90°。

（删除曲线）：删除选定的曲线。

（获取图形）：在放样对象中选定单独的样条曲线作为轮廓线。

（生成路径）：用一条直线替换当前路径。

（锁定纵横比）：保持高度和宽度的比例关系。

下面就通过制作一个水龙头的实例，来具体介绍一下"放样"应用方式，具体过程如下：

（1）在前视图中使用"线"创建图形，如图4-40所示。

（2）将"顶点"改为"Bezier角点"模式，并调整为如图4-41所示。

图4-40 创建图形

图4-41 变换"顶点"

（3）在顶视图中创建一个"圆环"，如图4-42所示。

（4）选中使用"线"创建的图形作为路径，单击"复合对象"面板中的 放样 按钮，然后单击"创建方法"卷展栏中的 获取图形 按钮，接着拾取场景中的"圆环"，效果如图4-43所示。

（5）进入（修改）命令面板，单击"变形"卷展栏中的 缩放 按钮，在弹出的"缩放变形"面板中单击（插入角点）按钮，在图4-44所示位置插入4个"角点"，并右击，将其改为"Bezier-角点"模式。

图4-42 创建"圆环"

图4-43　进行放样

图4-44　插入角点

（6）调节这两个"角点"的控制柄如图4-45所示，这时放样对象就会变为图4-46所示。

图4-45　变换"角点"

图4-46　缩放结果

（7）再次单击 （插入角点）按钮，在图4-47所示位置插入角点，并变换位置，结果如图4-48所示。

图4-47　插入并变换"角点"

图4-48　变换后结果

（8）在顶视图中创建一个"星形"，参数设置如图4-49所示。

（9）再在顶视图中创建两个"圆"，大小关系如图4-50所示。

（10）在前视图中使用"线"创建一条路径，长度关系如图4-51所示。

（11）选中路径，打开"复合对象"面板，单击 放样 按钮，单击"创建方法"卷展栏中

图4-49　创建"星形"

的 获取图形 按钮后，拾取大圆。将"路径参数"卷展栏中"路径"后边的数值框数值设为80，再次单击 获取图形 按钮，拾取场景中的"星形"。最后将"路径参数"卷展栏中"路径"后边的数值框数值设为100，再单击 获取图形 按钮，拾取场景中的小圆，结果如图4-52所示。

（12）最后调整一下两个放样物体的大小与位置关系，结果如图4-53所示。

图4-50 创建两个"圆"

图4-51 创建路径

图4-52 进行放样

图4-53 最后结果

4.2 高 级 建 模

前面讲解了基础建模和复合建模的方法。这些建模方式只能够制作一些简单的或者比较粗糙的模型，要想表现和制作一些更加精细、真实复杂的模型就要使用高级建模的方法来实现。在3ds Max 2016中有网格建模、多边形建模、面片建模和NURBS建模4种高级建模方法。利用这几种高级建模方法可以创建出非常复杂的对象，比如人物、动物、机械、各种生活用具等。本节将着重讲解最常用的网格建模和多边形建模的方法。

4.2.1 网格建模

网格建模是将一个对象转换为可编辑的网格并对其进行编辑，它的可编辑对象包括顶点、边、面、多边形、元素5个级别，它们的层次关系是两点构成边，边构成面，这些基础的面构成多边形，而多边形就构成了对象的整个表面（即元素）。网格建模通常可以通过"编辑网格"修改器，以及选择对象后右击，在快捷菜单中选择"转换到|转换为可编辑网格"命令两种方法来完成。

这里主要介绍通过"编辑网格"修改器将对象转换为可编辑网格的方法。

1．创建网格对象

创建网格对象的过程如下：

（1）首先在场景中创建一个"长方体"，如图4-54所示。

（2）打开 （修改）命令面板，在"长方体"的修改器参数面板中设定分段，参数设置如图4-55所示。这样就具备了编辑网格的基本条件，如图4-56所示。

图4-54　创建长方体

图4-55　设定分段

图4-56　可编辑网格对象

2．编辑网格对象

选中创建好的对象，执行菜单中的"修改器|网格编辑|编辑网格"命令，或者进入 （修改）命令面板，执行修改器下拉列表中"编辑网格"命令，就可以对"顶点"、"边"、"面"、"多边形"和"元素"5个层级进行编辑了。

1）编辑"顶点"

"顶点"是编辑网格修改器最基本的单位，当选择"顶点"层级后，参数面板如图4-57所示。

图4-57　"顶点"参数面板

在"顶点"层级参数卷展栏中有很多功能是可以和其他层级通用的，也有一些是只对"顶点"层级起作用的，下面就对"顶点"参数的用途解释一下。

- 创建：用于在视图中任意位置创建新的"顶点"。
- 删除：用于删除选中的"顶点"，但是删除后会在对象表面留下空洞。
- 附加：用于将其他三维对象合并在一起。
- 分离：与"附加"相反，是将合并在一起的对象分离出去。
- 断开：将选中的"顶点"分裂。通过这个"顶点"的面有多少，就分裂成为几个"顶点"，从而使每一个新增的"顶点"单独与一个面相连。如果只有一个面通过这个"顶点"，那么操作就没有实际的效果。
- 切角：用于对选中的"顶点"进行切角处理，切角效果如图4-58所示。切角的大小可以在后面的微调数值框中进行设置，也可以单击"切角"按钮将其激活，然后在视图中用鼠标进行控制。

（a）切角前　　　　　　　　　　　　　　（b）切角后

图4-58　切角效果

- 切片平面：单击此按钮后，在视图中对象的内部出现代表平面的黄色线框，如图4-59所示。
- 切片：单击该按钮后，能够将对象进行切割，在切割的部分增加"顶点"，如图4-60所示。这样做可以将对象表面进行进一步的细分，增加对象的细致程度，便于编辑。

　　　　　　　　　　　　　　　　黄色线框

　　　　　　　　　　　　　　　　　　　　　　　　　　　　　　增加"顶点"

图4-59　切片平面　　　　　　　　　　　图4-60　切片

- 选定项：选中需要焊接的"顶点"，将按钮后面代表焊接距离的数值调整到选中的节点距离之内，单击"选定项"按钮，就能够将它们焊接起来。
- 目标："目标"按钮后面数值框中代表距离的数值（单位是像素），单击"目标"按钮后移动"顶点"，在移动过程中，这个"顶点"就会与设置距离之内的节点焊接在一起。

提示

在焊接"顶点"前，要先将两个对象进行"附加"。

对于焊接"顶点"的方式，这里用一个实例来简单说明一下，具体过程如下：

（1）在场景中创建一个"长方体"并设置好其分段，如图4-61所示。

图4-61　创建对象

（2）进入（修改）命令面板，打开修改器下拉列表，选择"编辑网格"选项后，进入"顶点"层级。

（3）拖动"顶点"，编辑对象，如图4-62所示。

（4）单击工具栏中的（镜像）按钮，复制对象并移动到图4-63所示位置。

图4-62　移动"顶点"

图4-63　复制对象

（5）单击"附加"按钮，将两个对象合并。

（6）选中图4-64所示的两个"顶点"，然后单击"选定项"按钮将两个"顶点"进行焊接。如果提示不能进行焊接，就调整后边数值框中的数值，直到可以焊接为止。

（7）同理，对其他3对相邻的"顶点"也进行焊接，最后结果如图4-65所示。

- 移除孤立顶点：用于删除对象上不与任何边相连的孤立"顶点"，与创建"顶点"的作用正好相反。

- 视图对齐：用于将选中的"顶点"在当前选中的视图中进行对齐操作，重新排列位置。如果当前选中视图是正交视图，例如顶视图、左视图等，那么视图对齐实际上就是坐标对齐，如果选中视图是"透视图"或者"摄影机视图"，那么选中的"顶点"就会与摄影机视图相平行的平面进行对齐。

图4-64 焊接"顶点"

图4-65 最后结果

- 栅格对齐：用于将选中的"顶点"与当前视图中的网格线对齐。
- 平面化：通过选中的"顶点"创建一个新的平面，如果这些"顶点"不在一个平面上，那么会强制性地将它们调整到一个平面上。
- 塌陷：将选中的所有"顶点"塌陷为一个"顶点"，这个"顶点"的位置就在所有选中"顶点"的中心位置。

2）编辑"边"

"边"的编辑工具中有一些与"顶点"是相同的，但是它们编辑的对象有很大的区别，因为通过"边"就能够直接创建出"面"，而"面"才是我们需要的最小可见单位，"边"层级的参数面板如图4-66所示。

图4-66 "边"参数面板

- 改向：在 3ds Max 2016中所有的面都是三角形面，但是用于描述对象的往往是四边形面。这是因为有一条隐藏的边将四边形分割为两个三角形，如图 4-67 所示。"改向"按钮就是将这条隐藏边转换方向。比如本来是从左下到右上的一条分割边，单击"改向"按钮后就能够将它转换为从左上到右下的边，如图 4-68 所示。

图4-67　隐藏边

图4-68　改向隐藏边

- 挤出：用于将选中的"边"挤压生成面，如图 4-69 所示。但利用边的挤压不能生成顶部和底部的封顶。
- 切角：用于将选中的边进行"切角"处理，如图 4-70 所示。

图4-69　挤出效果

图4-70　切角效果

- 选择开放边：用于自动选择开放的边。所谓的开放边是指只与一个面连接的边，如果对象中有这样的边，那么它必须是不全封闭的。这个功能非常实用，一方面可以让我们发现没有闭合的表面，另一方面可以发现没有作用的边，将它们删除之后可以减少对象的复杂程度。
- 由边创建图形：用于复制选中的边，并生成一个新的二维图形，如图 4-71 所示。

3）编辑"面"／"多边形"

"面"和"多边形"层级的编辑命令基本相同。它们的区别是"面"为三角形的表面，"多边形"为四边形的表面。"面"层级参数面板如图 4-72 所示。

图4-71　由边创建图形效果

(a) "面"层级   (b) "面"层级参数面板

图4-72   "面"层级和参数面板

"多边形"层级参数面板如图 4-73 所示。

"多边形"层级   "多边形"层级参数面板

图4-73   "多边形"层级和参数面板

- 创建：单击此按钮，场景中的对象上的所有"顶点"都被显示出来，依次单击 3 个"顶点"就能够随着产生的虚线创建出新的面。主要应用于在场景中创建的不在对象表面上的"顶点"生成面。而且"多边形"层级的"创建"还与"面"层级的"创建"有所不同，"多边形"层级可以连接用 4 个或者更多的顶点来生成面。
- 删除：用于删除所选中的面，但是删除后会在对象表面上留下空洞。
- 挤出：与"边"的挤出作用一样，用于对选中的"面"／"多边形"进行挤压，如图 4-74 所示。
- 细化：用于将选择的面进一步细化，在后边的数值框中还可以改变细化的程度。

(a) 挤出"面"　　　　　　　　　　　　　(b) 挤出"多边形"

图4-74　挤出"面"／"多边形"

- 炸开：用于将选择的面与原对象分离开来，成为独立的面。它有两种炸开方式：一种是"对象"方式，这种方式炸开后的"面"／"多边形"将成为单独的对象；另一种是"元素"方式，这种方式炸开后的"面"／"多边形"还是属于这个对象，只是不与原来的对象连接在一起罢了。
- "法线"选项组：用于设置法线的方向。选择相应的"面"／"多边形"后单击"翻转"按钮，将会使法线反向；单击"统一"按钮，将会使选中的面的法线指向一个方向。
- "材质"选项组：能够将选中的面赋给不同的ID（材质）号，以便于给不同的面不同的材质，具体的应用方式会在材质章节中进行详细介绍。
- 平滑组：可以将对象表面不同的部分分成不同的平滑组，从而能够对不同部分进行不同程度的平滑，如图4-75所示。

(a) 相同的平滑组　　　　　　　　　　　　(b) 不同的平滑组

图4-75　相同和不同平滑组的比较

4.2.2　多边形建模

使用多边形建模也是3ds Max 2016中的一种很常用且灵活的建模方式，同"网格"建模的方式相类似。

1. 创建多边形对象

在3ds Max 2016中把一个存在的对象变为"多边形"对象有多种方式。可以在对象上右

击，从弹出的快捷菜单中选择"转换到|转换为可编辑多边形"命令。或者在"修改器列表"中选择"编辑多边形"。与"编辑网格"相比，"编辑多边形"具有更大的优越性，即多边形对象的面不止可以是三角形面和四边形面，而且可以是具有任何多个顶点的多边形面。

2．编辑多边形对象

首先使一个对象转化为可编辑的多边形对象，然后通过对该"多边形"对象的各层级对象进行编辑和修改来实现建模过程。对于可编辑"多边形"对象，它包含了"顶点"、"边"、"边界"、"多边形"和"元素"5种次对象层级，如图4-76所示。

1）"选择"卷展栏

与"编辑网格"类似，进入可编辑"多边形"后，首先看到的是"选择"卷展栏，如图4-77所示。在"选择"卷展栏中提供了进入各次对象层级模式的按钮，同时也提供了便于次对象选择的各个选项。

- 收缩：通过取消选择集最外一层多边形的方式来缩小已有多边形的选择集。
- 扩大：使用"扩大"按钮可以将已有的选择集沿任意可能的方向向外拓展，因此它是增加选择集的一种方式。
- 环形："环形"按钮只在选择"边"和"边界"层级时才可用。它是增加边界选择集的一种方式。
- 循环："循环"按钮也是增加选择集的一种方式。使用该按钮将使选择集对应于选择的"边界"尽可能地拓展。

2）"编辑顶点"卷展栏

只有在选择了"顶点"层级的时候才能出现"编辑顶点"卷展栏，如图4-78所示。

图4-76　"多边形"层级

图4-77　"选择"卷展栏

图4-78　"编辑顶点"卷展栏

- 移除："移除"按钮的作用就是将所选定的顶点从对象上删除，它和使用【Delete】键删除"顶点"的区别是：使用【Delete】键删除"顶点"后会在对象上留下一个或多个空洞；而使用"移除"按钮可以从多边形对象上移除选定的"顶点"，但不会留下空洞，效果比较如图4-79所示。
- 断开："断开"按钮用于为多边形对象中选择的"顶点"分离出新的"顶点"，但是对于孤立的"顶点"和只被一个多边形使用的"顶点"，该项是不起作用的。

（a）删除"顶点"

（b）移除"顶点"

图4-79　删除和移除"顶点"比较

- 挤出："挤出"功能允许对多边形表面上选择的"顶点"垂直拉伸出一段距离，从而形成新的"顶点"，并且在新的"顶点"和原多边形面的各"顶点"间生成新的多边形表面，如图 4-80 所示。
- 焊接：用来合并选择的"顶点"。
- 切角：用来制作"顶点"倒角效果，如图 4-81 所示。

图4-80　"挤出"效果

图4-81　"切角"效果

- 目标焊接：使用"目标焊接"按钮可以在选择的"顶点"之间连接线段以生成"边界"的方式，但是不允许生成的"边界"有交叉的现象出现。例如对四边形的四个"顶点"使用"目标焊接"，只会在四边形内连接其中的两个节点。

3）"编辑边"卷展栏

多边形的"编辑边"卷展栏如图 4-82 所示。多边形的"边"的编辑与"顶点"的编辑在使用方法和作用上基本相同，但也具有一些自身的特点。

- 插入顶点："插入顶点"按钮是对选择的"边"手工插入"顶点"来分割"边"的一种方式。
- 移除：与"顶点"的"移除"按钮的作用完全一样，但是在移除"边"的时候，经常会造成网格的变形和生成多边形不共面的现象。

图4-82　"编辑边"卷展栏

- 挤出："挤出"的作用和用法也和"编辑顶点"中的"挤出"一样,效果如图4-83所示。
- 切角:沿选中的"边"制作倒角,效果如图4-84所示。

图4-83 "挤出"效果

图4-84 "切角"效果

- 连接:在选择的平行边中间创建垂直于平行边的边,效果如图4-85所示。
- 编辑三角剖分:单击该按钮,多边形对象隐藏的边会显示出来,如图4-86所示。
- 旋转:将显示出来的隐藏边的方向进行旋转。

(a) 选择要进行"连接"的平行边

(b) "连接"后的效果

图4-85 "连接"效果

4)"编辑边界"卷展栏

"边界"可以理解为"多边形"对象上网格的线性部分,通常由多边形表面上的一系列"边"依次连接而成。"边界"是"多边形"对象特有的层级属性。"编辑边界"卷展栏如图4-87所示。

图4-86 "编辑三角剖分"效果

图4-87 "编辑边界"卷展栏

- 插入顶点：同"边"层级的"插入顶点"的意义和用法一样，不同的是这里的"插入顶点"按钮只对所选择的"边界"中的"边"有影响，对未选中的"边界"中的"边"没有影响。
- 挤出：同"边"的"挤出"一样，"编辑边界"卷展栏也包含了"挤出"按钮，它用来对选择的"边界"进行挤出，并且在挤出后的"边界"上创建出新的多边形的面。
- 封口：这是"编辑边界"卷展栏中的一个特殊的选项，它可以用来为所选择的"边界"创建一个多边形的表面，就类似于为"边界"加了一个盖子，如图 4-88 所示，这一功能常被用于"样条线"。

　　　（a）选中"边界"　　　　　　　　　　　（b）对"边界"进行"封口"

图4-88　"封口"边界

- 切角："边界"的"切角"与"边"的"切角"的用法和作用完全一致，就是作用的对象不同，当选中多个"边"同时进行"切角"时，得到的结果会与"边界"的"切角"效果相同。

5）"编辑多边形"卷展栏

多边形面就是由一系列封闭的"边"或"边界"围成的面，它是多边形对象的重要组成部分，同时也为多边形对象提供了可渲染的表面。"编辑多边形"卷展栏如图 4-89 所示。

- 插入顶点：在使用这一功能后，可以在多边形对象表面任意位置添加一个可编辑的"顶点"，与先前介绍的"插入顶点"的作用一致。
- 轮廓：可以将多边形表面对象上的任意一个或多个面进行放大或者缩小，效果如图 4-90 所示。

图4-89　"编辑多边形"卷展栏

- 倒角：可以将多边形表面对象上的任意一个或多个面进行挤出，然后进行倒角变化，和"挤出"一样是比较常用的功能，效果如图 4-91 所示。

　　　图4-90　"轮廓"效果　　　　　　　　　　图4-91　"倒角"效果

通过"挤出"后再进行"轮廓线"的变化也能得到"倒角"的效果。

- 插入：可以将多边形表面对象上的任意一个或多个面进行缩小并复制出一个新的面，效果如图 4-92 所示。
- 桥：用来连接两个"多边形"，在连接前要先将两个对象进行"附加"，效果如图 4-93 所示。

图4-92　"插入"效果

图4-93　"桥"效果

6) "编辑元素"卷展栏

"元素"就是多边形对象上所有"多边形"的集合，与前边所说的"面片"中的"元素"层级意义完全相同，"编辑元素"卷展栏如图 4-94 所示。

- 插入顶点：在使用该功能后，可以在多边形对象表面任意位置添加一个可编辑的"顶点"，它与编辑"多边形"的"插入顶点"使用方式一样。
- 翻转："翻转"按钮可以将多边形的表面进行翻转，这时就可以显示出多边形的内部并进行编辑。图 4-95 所示为长方体翻转后的效果。

图4-95　"翻转"效果

图4-94　"编辑元素"卷展栏

- 编辑三角剖分：单击这个按钮，多边形对象隐藏的边就会显示出来，它与编辑"边"的"编辑三角剖分"概念一致。
- 旋转：将显示出的隐藏边的方向进行旋转，它与编辑"边"的"旋转"概念一致。
- 重复三角算法：使用"重复三角算法"按钮可以自动计算多边形内部所有的边。

对于多边形建模，这里用一个制作望远镜的实例来简单说明一下，具体过程如下：

（1）在场景中创建一个"圆柱体"，如图 4-96 所示。

（2）进入 （修改）命令面板，打开修改器下拉列表，选择其中的"编辑多边形"选项，进入"多边形"层级。

（3）选中其中一个顶面，单击"倒角"按钮，将其变为图 4-97 所示的效果。

图4-96　创建"圆柱体"　　　　　　　　　　图4-97　"倒角"效果

（4）选中另外一端的顶面，单击"插入"按钮，创建出一个新的面，效果如图 4-98 所示。然后将其"挤出"，效果如图 4-99 所示。

图4-98　"插入"效果　　　　　　　　　　图4-99　"挤出"效果

（5）将"挤出"的部分再进行"倒角"变化，效果如图 4-100 所示。

（6）再使用"倒角"效果变化对象，效果如图 4-101 所示。

图4-100　"倒角"效果　　　　　　　　　　图4-101　"倒角"效果

（7）退出"多边形"层级，横向复制对象到图4-102所示位置，并将两个对象"附加"为一个对象。

（8）使用"桥"功能，连接两个对象，效果如图4-103所示。

（9）执行修改器下拉列表中的"平滑"命令，然后赋予材质后进行渲染，最终结果如图4-104所示。

图4-102　复制对象

图4-103　"桥"效果

图4-104　最终效果

4.3　实 例 讲 解

本节将通过"制作饮料瓶"、"制作象棋"、"制作镂空的模型"、"制作勺子"和"制作罗马科林斯柱"5个实例来讲解复合建模和高级建模在实践中的应用。

4.3.1　制作饮料瓶

要点

本例将制作一个饮料瓶，如图4-105所示。通过本例的学习，应掌握在放样物体的不同位置放置不同截面图形的放样方法。

图4-105　饮料瓶

操作步骤：

1. 制作放样路径和放样图形

（1）单击菜单栏左侧的快速访问工具栏中的 按钮，然后从弹出的下拉菜单中选择"重置"命令，接着在弹出的对话框中单击"确定"按钮，重置场景。

（2）单击 （创建）命令面板下 （图形）中的 线 按钮，在顶视图中创建一个八边形，然后再用 圆 工具创建一个圆环作为放样截面图形，参数设置及结果如图 4-106 所示。

（3）在前视图中创建一条直线作为放样路径，如图 4-107 所示。

图4-106 创建圆环和八边形

图4-107 创建直线

2. 放样形成饮料瓶

（1）选中直线，单击 （创建）命令面板下 （几何体）中 复合对象 内的 放样 按钮，再单击 获取图形 按钮后拾取视图中的圆环。

（2）为了便于观察截面图形，下面进入 （修改）面板，取消勾选"蒙皮"复选框，如图 4-108 所示。

图4-108 取消勾选"表皮"复选框后效果

（3）进入"图形"层级，如图 4-109 所示。然后在前视图中选中圆环截面图形，配合键盘上的【Shift】键向下移动，在弹出的对话框中进行设置，如图 4-110 所示，单击"确定"按钮，从而复制出截面图形。

图4-109　进入"图形"层级

图4-110　单击"复制"单选框

（4）再次单击，退出"图形"级别，然后利用放样命令放样出其余的多边形和圆环，结果如图 4-111 所示。

（5）选择透视图，单击工具栏中的 （渲染产品）按钮，渲染后效果如图 4-112 所示。

图4-111　在不同位置放样不同图形

图4-112　最终效果

4.3.2　制作象棋

 要点

　　本例将制作一个象棋模型，如图 4-113 所示。通过本例的学习，应掌握"锥化"修改器与复合对象中的"布尔"运算的综合应用。

图4-113　象棋

操作步骤：

（1）单击菜单栏左侧的快速访问工具栏中的 ![按钮]，然后从弹出的下拉菜单中选择"重置"命令，接着在弹出的对话框中单击"确定"按钮，重置场景。

（2）单击 ![] （创建）命令面板下 ![] （几何体）中的 ![圆柱体] 按钮，然后在顶视图中绘制出一个圆柱体，参数设置及结果如图4-114所示。

> **提示**
>
> "高度分段"一定要为正数，且不能为1，否则后面进行结合命令时会出错。

图4-114　创建圆柱体

（3）对圆柱体进行锥化处理。方法：选中视图中调整好的圆柱体，进入 ![] （修改）面板，然后执行修改器下拉列表框中的"锥化"命令，选中"对称"复选框，再调整"曲线"的数值，设置如图4-115所示。

图4-115　创建圆柱体

（4）单击 ▓（创建）命令面板下 ▓（标准几何体）中的 管状体 按钮，在顶视图中绘制出一个管状体，管状体的直径要比圆柱体的直径小一些。在管状体的参数面板中的参数设置如图4-116所示。

（5）将管状体和圆柱体进行对齐。方法：保证管状体处于选中状态，单击工具栏上的 ▓（对齐）按钮，然后在圆柱体上单击，接着在弹出的"对齐当前选择"对话框中设置如图4-117所示，使管状体和圆柱体按照它们的中心的3个坐标轴对齐，最后单击"确定"按钮，效果如图4-118所示。

图4-116 设置"管状体"参数

图4-117 对齐圆环

图4-118 对齐后效果

（6）单击 ▓（创建）命令面板下 ▓（图形）中的 文本 按钮，设定参数如图4-119所示。然后将光标移动到顶视图上单击，这样在顶视图上就出现了一个"象"字（注意定义的字体尺寸，使"象"字的大小不要超过圆环的直径）。

（7）选中场景中的"象"字，进入 ▓（修改）面板。执行修改器下拉列表中的"挤出"命令，参数设置如图4-120所示。

（8）单击菜单栏上的 ▓（对齐）按钮，再在圆环上单击，在弹出的"对齐当前选择"对话框中进行设置，如图4-117所示，然后单击"确定"按钮，使圆柱体、圆环、文字三者的中心都沿着它们的X、Y、Z坐标轴对齐，结果如图4-121所示。

图4-119 创建文字

图4-120 设置"挤出"参数

图4-121 将文字进行对齐

（9）选中"象"字，进入 （修改）面板。执行修改器下拉列表中的"编辑网格"命令，然后进入它的参数面板，单击 附加 按钮，并在管状体上单击，使文字和圆环结成一个整体，如图 4-122 所示。

图4-122 将文字和管状体附加成一个整体

（10）关掉 附加 按钮，在前视图上将圆环与文字结合成的整体向上移动，使结合体一部分的高度高出圆柱体，如图 4-123 所示，以便下面执行布尔运算。

图4-123 将结合体上移

提示

在这里必须要使文字和管状体结成后再执行布尔运算。否则执行布尔运算后只能计算文字或管状体其中的一个。

(11) 执行布尔运算。方法：选中圆柱体，单击 ■（创建）命令面板下的 ◉（几何体）按钮，从下拉列表框中选择 复合对象 ▼ 选项。然后单击 布尔 按钮，在参数面板中选择"差集（A-B）"单选按钮，如图 4-124 所示，再单击 拾取操作对象B 按钮，接着拾取顶视图上文字和圆环的结合体，结果如图 4-125 所示。最后再次单击 布尔 按钮，退出布尔运算。

图4-124 单击"差集(A-B)"

图4-125 "布尔"后效果

(12) 赋给象棋材质后进行渲染，最终效果如图 4-126 所示。

图4-126　渲染后效果

4.3.3　制作镂空的模型

要点

　　本例将制作一个基础模型，如图 4-127 所示。通过本例的学习，应掌握对可编辑的网格物体的基本操作。

图4-127　制作镂空的模型

操作步骤：

　　（1）单击菜单栏左侧的快速访问工具栏中的![按钮]按钮，然后从弹出的下拉菜单中选择"重置"命令，接着在弹出的对话框中单击"确定"按钮，重置场景。

　　（2）单击![图标]（创建）命令面板下![图标]（几何体）中的![长方体]按钮，在顶视图中创建一个正方体，参数设置及结果如图 4-128 所示。

　　（3）右击场景中的正方体，在弹出的快捷菜单中选择"转换为|转换为可编辑的网格"命令，如图 4-129 所示，从而将正方体转换为"可编辑的网格"物体。

提示

　　当完成建模操作后，将模型转换成"可编辑的网格"是一个很好的习惯，这样可以大大节省资源。

图4-128 创建正方体

图4-129 将正方体转换为"可编辑的网格"物体

（4）进入 （修改）面板"可编辑的网格"中的 ▣（多边形）层级，然后选中立方体 6 个面的中间的多边形，如图 4-130 所示。

图4-130 选择多边形

（5）利用工具箱上的 （选择并匀称缩放）将选中的 6 个多边形放大，如图 4-131 所示。

（6）单击"挤出"按钮，然后在视图中向内挤出 6 个多边形，尽量使 6 个多边形靠近，结果如图 4-132 所示。

图4-131　放大多边形

图4-132　向内挤出6个多边形

（7）按【Delete】键删除选中的 6 个多边形，结果如图 4-133 所示。

（8）进入"可编辑的网格"物体的 （顶点）层级，在顶视图中框选如图 4-134 所示的顶点。

图4-133　删除6个多边形

图4-134　框选顶点

（9）利用 （顶点）层级的焊接选项组中的 选定项 按钮，将焊接范围加到 10 左右，如图 4-135 所示，对节点进行焊接。

图4-135　焊接顶点

（10）在修改器列表下拉列表框中选择"网格平滑"命令，设置参数及结果如图4-136所示。

（11）赋予模型材质后，单击工具栏上的 （渲染产品）按钮进行渲染，结果如图4-137所示。

图4-136 "网格平滑"后的效果

图4-137 渲染后的效果

4.3.4 制作勺子

 要点

本例将制作一个勺子，如图4-138所示。通过本例的学习，应掌握多边形建模，"壳"、"涡流平滑"修改器以及不锈钢材质的综合应用。

图4-138 制作勺子

操作步骤：

1. 制作出勺子的大体模型

（1）单击菜单栏左侧的快速访问工具栏中的 按钮，然后从弹出的下拉菜单中选择"重置"命令，接着在弹出的对话框中单击"确定"按钮，重置场景。

（2）在顶视图中创建一个平面，参数设置及结果如图4-139所示。

图4-139　创建一个平面

（3）为了便于操作，下面将平面模型以线框显示。方法：右击透视图左上角的"真实"文字，从弹出的快捷菜单中选择"线框"命令，结果如图 4-140 所示。

（4）制作出勺子的大体形状。方法：选择视图中的平面，进入（修改）面板，执行修改器下拉列表框中的"FFD3×3×3"命令，然后进入"控制点"层级，如图 4-141 所示。接着利用工具栏中的◢（选择并匀称缩放）和◆（选择并移动）工具对控制点进行缩放和移动处理，结果如图 4-142 所示。

图4-140　选择"线框"命令

图4-141　进入"控制点"层级

（5）右击视图中变形后的平面，从弹出的快捷菜单中选择"转换为|转换为可编辑多边形"命令，如图 4-143 所示，从而将平面转换为可编辑的多边形。

（6）制作出勺柄的大体形状。方法：进入可编辑多边形的◢（边）级别，选择图 4-144 所示的两条边，然后选择工具栏中的◆（选择并移动）工具，配合键盘上的【Shift】键向右移动，从而拉伸出勺柄的大体长度，如图 4-145 所示。

（7）为了便于调整勺柄的形状，下面添加一条边。方法：利用工具栏中的◣（选择对象）工具选择图 4-146 所示的边，然后单击"连接"按钮，从而添加一条边，如图 4-147 所示。

图4-142　调整控制点的形状

图4-143　选择"转换为可编辑多边形"命令

图4-144　选择边

图4-145　拉伸出勺柄的大体长度

图4-146　选择边单击"连接"按钮

图4-147　添加边的效果

（8）此时添加的边是倾斜的，为了便于操作，下面将其处理为垂直边。方法：进入可编辑多边形的 （顶点）层级，然后利用工具栏中的 （选择并匀称缩放）工具，沿 X 轴进行缩放，使 3 个顶点在垂直方向成为一条线，结果如图 4-148 所示。接着将其移动到图 4-149 所示的位置。

图4-148 使3个顶点在垂直方向成为一条线

图4-149 移动顶点的位置

2. 制作出勺子的凹陷形状

（1）选择图4-150所示的顶点，然后右击，从弹出的快捷菜单中选择"转换到面"命令，如图4-151所示，从而选中图4-152所示的多边形。接着在左视图中将其沿Y轴向下移动，结果如图4-153所示。

图4-150 选择顶点

图4-151 选择"转换到面"命令

图4-152 选择多边形

图4-153 在左视图中将选中多边形沿Y轴向下移动

（2）进入可编辑多边形的◁（边）层级，选择图 4-154 所示的边，然后在前视图中将其沿 Y 轴向下移动，如图 4-155 所示。接着进入可编辑多边形的┅（顶点）层级，在前视图中调整顶点的形状，如图 4-156 所示。

（3）在左视图中选择图 4-157 所示的顶点，沿 Y 轴向下移动，并适当调整其余顶点的位置，从而形成勺子的凹陷，如图 4-158 所示。

图4-154　选择边

图4-155　在前视图中将选择的边沿Y轴向下移动

图4-156　在前视图中调整顶点的形状

图4-157　在左视图中选择相应的顶点

图4-158　适当调整其余顶点的位置

3．调整勺柄的形状

（1）进入可编辑多边形的┅（顶点）层级，在前视图中调整勺柄上顶点的位置，如图 4-159 所示。

（2）为了便于调节勺柄的形状，下面进入可编辑多边形的◁（边）层级，单击"连接"按钮，添加边，如图 4-160 所示。然后进入┅（顶点）层级，在前视图中调整顶点的位置，如图 4-161 所示。

图4-159　在前视图中调整勺柄上顶点的位置

图4-160 添加两条边

图4-161 调整勺柄的形状

（3）在顶视图中利用工具栏中的■（选择并匀称缩放）工具沿 Y 轴缩放顶点，如图 4-162 所示。然后调整勺柄末端顶点的位置，如图 4-163 所示。

图4-162 在顶视图中沿Y轴缩放顶点

图4-163 调整勺柄末端顶点的位置

（4）为了制作出勺柄末端的加宽形状，下面再在勺柄末端添加边，如图 4-164 所示。然后利用工具栏中的■（选择并匀称缩放）工具沿 Y 轴缩放边，如图 4-165 所示。

图4-164 在勺柄末端添加一条边

图4-165 沿Y轴缩放边

（5）制作出勺柄处的突起部分。方法：在顶视图中选择图 4-166 所示的边，然后在前视图中沿 Y 轴向上移动，如图 4-167 所示。

图4-166　选择边　　　　　　　　　图4-167　在前视图中沿Y轴向上移动边

4．制作出勺子的厚度和平滑感

（1）制作出勺子的厚度。方法：在修改器中单击"可编辑多边形"，退出次对象编辑模式。然后右击透视图左上角的"线框"文字，从弹出的快捷菜单中选择"真实"命令，使勺子模型以实体显示。接着执行修改器下拉列表中的"壳"命令，参数设置及结果如图4-168所示。

图4-168　设置"壳"参数及效果

（2）制作出勺子的平滑感。方法：执行修改器下拉列表中的"涡轮平滑"命令，参数设置及结果如图4-169所示。

图4-169　设置"涡轮平滑"参数及效果

5．赋予勺子不锈钢材质

（1）单击工具栏上的 按钮，进入材质编辑器。然后选择一个空白的材质球，设置明暗器类型为"（M）金属"，再设置"环境色"和"漫反射"颜色如图4-170所示，接着展开"贴图"卷展栏，指定给"反射"右侧按钮一个配套资源的"mpas\ 云彩 .tif"贴图，如图4-171所示。

图4-170　设置不锈钢参数　　　　　　　　图4-171　指定反射贴图

（2）选择视图中的勺子模型，然后单击材质编辑器工具栏中的 （将材质指定给选定对象）按钮，将材质赋予勺子模型。

（3）选择透视图，单击工具栏中的 （渲染产品）按钮进行渲染，最终结果如图4-172所示。

图4-172　渲染效果

4.3.5　制作罗马科林斯式柱

 要点

立柱是欧式建筑的重要组成部分。它不仅起着承重作用，同时还以其独特的外观和造型起着装饰作用。目前，在国内的欧式仿古建筑中均可找到各种立柱的身影。欧式建筑的立柱主要有陶立克式、科林斯式、爱奥尼克式、托斯卡式和混合式5种经典柱式。常用的主要有陶立克式、科林斯式和爱奥尼克式3种，如图4-173所示。

图4-173 欧式建筑中的立柱

科林斯式柱是柱式造型中最为复杂的一种，最著名的是莨叶形雕刻的柱头。学习本例，读者应掌握利用"放样"建模、"车削"、"平滑"、"倒角"和"倒角剖面"修改器制作莨叶形科林斯式柱的方法。

❖ 制作流程：

此例包括制作柱身、制作柱头顶板、制作涡形装饰、制作叶形装饰和组装柱头 5 个流程，如图 4-174 所示。

（a）制作柱身

（b）制作柱头顶板

（c）制作涡形装饰

（d）制作叶形装饰

（e）组装柱头

图4-174 制作流程

操作步骤：

1．制作柱身

（1）单击菜单栏左侧的快速访问工具栏中的 ▓ 按钮，然后从弹出的下拉菜单中选择"重置"

命令，接着在弹出的对话框中单击"确定"按钮，重置场景。

（2）单击 ▩（创建）命令面板下 ▩（图形）中的"星形"按钮，在顶视图中创建图 4-175 所示的星形，命名为"星形截面"。

图4-175　创建星形

（3）单击 ▩（创建）命令面板下 ▩（图形）中的"圆"按钮，然后在顶视图中创建图 4-176 所示的圆，命名为"圆形截面"。

图4-176　创建圆

（4）单击 ▩（创建）命令面板下 ▩（图形）中的"线"按钮，然后在前视图中创建线段，并确认起点位于底端，如图 4-177 所示，命名为"柱身路径"。

图4-177　创建线

提示

　　如果起点位于顶端，可进入 ![修改] （修改）面板的 ![层级] 层级，选择底端节点，然后单击"设为首顶点"按钮即可将起点定为底端。

　　（5）选中"柱身路径"，进入 ![几何体] （几何体）命令面板，在 ![标准基本体▼] 下拉列表中选择 ![复合对象▼] 选项。然后单击"放样"按钮，在"创建方法"卷展栏中单击"获取图形"按钮后拾取视图中的"圆形截面"，将"圆形截面"作为 0% 的放样截面。

　　（6）在"路径"右侧输入不同的数值，然后分别拾取视图中的"圆形截面"和"星形截面"，放样图形的位置如图 4-178 所示，效果如图 4-179 所示。

圆形截面 —— 100%
　　　　　 —— 98.5%
　　　　　 —— 98%
星形截面 ——
　　　　　 —— 16%
圆形截面 —— 15%
圆形截面 —— 0%

图4-178　放样图形的位置

图4-179　放样效果

　　（7）进入 ![修改] （修改）命令面板，单击"变形"卷展栏中的"缩放"按钮，在弹出的"缩放变形"窗口中，利用 ![插入角点] （插入角点）添加角点并调节位置，如图 4-180 所示，效果如图 4-181 所示。

放大后

图4-180　添加角点并调节位置

2．制作柱头顶板

　　（1）为了便于操作，下面将"柱身"造型进行隐藏。方法：进入 ![显示] （显示）命令面板，单击"隐藏未选定对象"按钮即可。

　　（2）创建"柱头顶板"。方法：进入 ![几何体] （几何体）命令面板，在 ![标准基本体▼] 下拉列表中选择 ![扩展基本体] 选项，然后单击"切角长方体"按钮，在顶视图中创建一个倒角盒状体，命名为"柱头顶板"，参数设置和放置位置如图 4-182 所示。

图4-181　添加角点并调节位置的效果

图4-182　创建"柱头顶板"

　　（3）进入 ![icon]（修改）命令面板，在修改器下拉列表中选择"编辑网格"命令，然后进入 ![icon]（顶点）层级，在前视图中沿 Y 轴调节顶点，结果如图 4-183 所示。

　　（4）在修改器下拉列表中选择"FFD3×3×3"命令，然后进入"顶点"层级，在前视图中沿 Y 轴调节控制点的位置，结果如图 4-184 所示。

图4-183　在前视图中沿Y轴调节顶点

图4-184　"FFD3×3×3"的处理效果

　　（5）再次执行修改器下拉列表中的"编辑网格"命令，然后进入 ![icon]（顶点）层级，在前视图中沿 Y 轴调节顶点，结果如图 4-185 所示。最后退出 ![icon]（顶点）层级。

图4-185　调整控制点

（6）在修改器下拉列表框中选择"平滑"命令，设置参数及结果如图4-186所示。

图4-186 "平滑"后效果

3. 制作涡形装饰

（1）为了便于操作，下面将"柱头顶板"造型进行隐藏。

（2）单击 ■（创建）命令面板下 ■（图形）中的"线"按钮，在前视图中创建图4-187所示的曲线，命名为"涡形装饰"。

（3）进入 ■（修改）命令面板，在修改器下拉列表中选择"倒角"命令，设置参数及结果如图4-188所示。

图4-187 创建"涡形装饰"曲线

图4-188 倒角效果

4. 制作叶形装饰

（1）为了便于操作，下面将"涡形装饰"造型进行隐藏。

（2）单击 ■（创建）命令面板下 ■（图形）中的"线"按钮，在前视图中创建图4-189所示的曲线，命名为"叶形装饰"。

（3）进入 ■（修改）命令面板，在修改器下拉列表中选择"倒角"命令，设置参数及结果如图4-190所示。

（4）在修改器下拉列表中选择"弯曲"命令，设置参数及结果如图4-191所示。

图4-189 创建"叶形装饰"曲线

图4-190　"倒角"效果

图4-191　"弯曲"效果

5. 组装柱头

（1）为了便于操作，下面将"叶形装饰"造型进行隐藏，然后将"柱头顶板"造型显现出来。

（2）在前视图中，按【Shift】键单击"柱头顶板"造型，在弹出的对话框中进行设置，如图4-192所示。然后利用工具栏中的■（选择并匀称缩放）工具，缩放复制后的"柱头顶板"造型，结果如图4-193所示。

图4-192　设置参数

图4-193　复制效果

（3）将"涡形装饰"造型显现出来。设置坐标为 ，然后拾取视图中的"柱头顶板"造型，将坐标切换为"柱头顶板"造型的原点上。

（4）在顶视图中，执行菜单中的"工具丨阵列"命令，在弹出的对话框中进行设置，如图 4−194 所示，然后单击"确定"按钮，阵列出其余 3 个"涡形装饰"造型，结果如图 4−195 所示。

图4−194 设置"阵列"参数

图4−195 "阵列"效果

（5）同理，利用 （选择并匀称缩放）工具和"阵列"命令，制作出其余的"涡形装饰"造型，结果如图 4−196 所示。

（6）选择所有的"涡形装饰"造型，执行菜单中的"组丨成组"命令将它们成组，组名为"涡形装饰"。

（7）下面将"叶形装饰"造型显现出来，制作出"叶形装饰"造型的组合图形。这里的操作方法与"涡形装饰"组合图形基本相同，不再具体说明，结果如图 4−197 所示。

图4-196　创建"涡形装饰"组

图4-197　创建"叶形装饰"组

（8）选择所有的"叶形装饰"造型，执行菜单中的"组|组"命令将它们成组，组名为"叶形装饰"。

（9）进入 █（几何体）命令面板，单击"圆环"按钮，在顶视图中创建两个三维圆环，设置参数及放置如图4-198所示。

图4-198 创建两个圆环

（10）下面将"柱身"造型显现出来，放置位置如图4-199所示。

（11）选择透视图，单击工具栏上的 ■（渲染产品）按钮，渲染后的效果如图4-200所示。

图4-199 显现出全部

图4-200 渲染效果

课 后 练 习

1．填空题

（1）在3ds Max 2016中包括12种复合对象的类型，它们分别是_____、_____、_____、_____、_____、_____、_____、_____、_____、_____、_____和_____。

（2）在 3ds Max 2016 中有_____、_____、_____和_____4 种高级建模方法。

2．选择题

（1）"布尔"复合对象是一种逻辑运算方法，当两个对象交叠时，可以对它们执行不同的"布尔"运算以创建独特的对象。下列属于"布尔"运算类型的是_____。

    A．并集　　　　　B．交集　　　　　C．切割　　　　　D．挖空

（2）下面属于可编辑"多边形"对象的次对象级别的是_____。

    A．顶点　　　　　B．边界　　　　　C．多边形　　　　　D．元素　　　　　E．边

3．问答题／上机题

（1）简述"放样"复合建模中各参数的含义。

（2）练习 1：制作图 4-201 所示的烟灰缸效果。

（3）练习 2：制作图 4-202 所示的叉子效果。

图4-201　练习1效果

图4-202　练习2效果

第5章

材质与贴图

面几章我们讲解了利用 3ds Max 2016 创建模型的方法，好的作品除了模型之外还需要材质与贴图的配合，材质与贴图是三维创作中非常重要的环节，它的重要性和难度丝毫不亚于建模。通过本章学习应掌握以下内容：

- 材质编辑器的基本功能。
- 常用材质的参数设置和使用方法。
- 常用贴图的参数设置和使用方法。

5.1　材质编辑器的界面与基本命令

材质按照复杂程度可分为以下 3 种。

- **基本材质**：是指只具有光学特性的材质，它包括"环境光"、"漫反射"、"高光反射"、"高光级别"、"光泽度"和"柔化"等，这种材质占用时间和内存少，但是没有贴图特性。
- **基本贴图材质**：是在"漫反射"中指定的基本贴图方式的材质。
- **复合材质**：指单击材质编辑器上 Standard 按钮所出现的材质，比如"双面"材质、"混合"材质、"顶／底"材质等。

5.1.1　材质编辑器的界面

3ds Max 2016 的材质编辑器界面有精简材质编辑器和平板材质编辑器（又称石板精简材质编辑器）两种界面。其中精简材质编辑器界面就是用户熟悉的以前版本中的材质编辑器界面，如图 5-1 所示；另一种平板材质编辑器界面，它将材质和贴图显示为关联在一起用来创建材质树的节点结构，如图 5-2 所示，用户可以通过这种节点结构编辑材质。

在 3ds Max 2016 的工具栏中单击 按钮，可以进入精简材质编辑器的界面；在工具栏中单击 按钮，可以进入平板材质编辑器的界面。如果要在两种材质编辑器界面中进行切换，可以在材质编辑器面板界面菜单中单击"模式"中的相关命令即可。

下面以精简材质编辑器界面为例来介绍一下材质编辑器的使用方法。单击主工具栏上的 （材质编辑器）按钮（或按快捷键【M】），

图5-1　精简材质编辑器界面

进入精简材质编辑器界面，如图5-3所示。

图5-2　平板材质编辑器界面

图5-3　精简材质编辑器界面

5.1.2　材质分类

3ds Max 2016中的材质分为标准材质和metal ray材质两类。其中，标准材质及相关材质（非光度学）使用的是3ds Max默认的扫描线渲染器，这些材质主要用于游戏、动画和一般模型，但不适合在物理上要求精确的照明模型；metal ray材质专门用于metal ray渲染器，只有当metal ray为活动的渲染器时，这些材质才能在材质编辑器中见到。后面主要讲解标准材质及相关材质（非光度学）的使用方法。

5.1.3　材质样本球

材质样本球区右侧有9个控制按钮。

■（采样类型）：单击该按钮不放，会出现球体、柱体、立方体的图标■■■，如图5-4所示，在这里可以选择与要贴图的对象最为接近的样本。

■（背光）：控制给材质样本球是否设置背光效果，如图5-5所示。这一功能与场景中的对象没有关系。

球体　　　　柱体　　　　立方体

图5-4　采样类型

无背光　　　　有背光

图5-5　背光效果

（背景）：控制样本球是否显示透明背景，该功能主要针对透明材质，如图 5-6 所示。

（采样 UV 平铺）：单击该按钮不放，会出现 4 种图标 ，在这里可以设置贴图显示重复的次数，如图 5-7 所示。这一功能实际上也与场景没有关系，可以理解成是预览的功能。

（视频颜色检查）：检查无效的视频颜色。

（生成预览）：控制是否能够预览动画材质。

（选项）：单击该按钮，将弹出"材质编辑器选项"对话框，如图 5-8 所示。在这里可以设置样本球是否"抗锯齿"以及在材质编辑器中显示"示例窗数目"（3×2、5×3 或 6×4）。

无背景　　　　有背景

图5-6　背景效果

图5-7　采样UV平铺

图5-8　"材质编辑器选项"对话框

（按材质选择）：单击该按钮，将弹出图 5-9 所示的"选择对象"对话框，在这里可以选定具有示例材质的对象。

（材质／贴图导航器）：单击该按钮，将会弹出"材质／贴图导航器"面板，如图 5-10 所示。在这里可以将材质的结构显示在当前示例窗中。

图5-9　"选择对象"对话框

图5-10　"材质/贴图导航器"面板

5.1.4　材质编辑器工具条

样本窗口的下面为材质编辑器的工具栏，其中陈列着进行材质编辑的常用工具，提供材质的存取功能。

（获取材质）：单击该按钮，将弹出"材质／贴图浏览器"面板，如图 5-11 所示。在这里可选取、装入或生成新的材质。

（将材质放入场景）：将当前场景当中使用的材质运用到处于同一场景中的其他对象上。

（将材质指定给选定对象）：将当前材质赋予场景中选择的对象。此按钮只在选定对象后才有效。

（重置贴图／材质为默认设置）：单击该按钮，将弹出图 5-12 所示的提示框。在这里可以恢复当前样本窗口为默认设置。

（生成材质副本）：生成同步材质的拷贝，拷贝放在当前窗口，用在不想用另外的样本窗口处理同一材质的情况下。

（使唯一）：对于进行关联复制的贴图，可以通过此按钮将贴图之间的关联关系取消，使它们各自独立。

图5-11　"材质/贴图浏览器"面板

（放入库）：单击此按钮将弹出图 5-13 所示的对话框。在这里可保存在示例窗中制作的材质。

图5-12　提示框

图5-13　"放置到库"对话框

（材质 ID 通道）：赋给材质通道，用于视频后期处理。

（视口中显示明暗处理材质）：在视图中显示贴图，选择这个选项将消耗很多显存。

（显示最终结果）：在 3ds Max 2016 中的很多材质是由基本材质和贴图材质组成的，利用此按钮可以在样本窗口中显示最终的结果。

（转到父对象）：3ds Max 2016 中很多材质有几个级别，利用此按钮可以在处理同级材质时进入上级材质。

（转到下一同级顶）：进入同级别材质。

5.2　标准材质的参数面板设置

单击工具栏上的按钮，进入材质编辑器，即可进入默认的"标准"材质的参数面板，如

图 5-14 所示。

"标准"材质的参数设置面板一般包括"明暗器基本参数"卷展栏、"基本参数"卷展栏、"扩展参数"卷展栏、"超级采样"卷展栏、"贴图"卷展栏和"mental ray 连接"卷展栏。

5.2.1 "明暗器基本参数"卷展栏

"明暗器基本参数"卷展栏包括明暗器和底纹两部分。

1. 明暗器

3ds Max 2016 的阴影类型有 8 种，分别是"各向异性"、"Blinn"、"金属"、"多层"、"Oren-Nayar-Blinn"、"Phong"、"Strauss"和"半透明明暗器"，如图 5-15 所示。

当选择不同的阴影模式类型的时候，下边的基本参数卷展栏也会随之发生变化。

- 各向异性：该明暗器主要是用来表现非圆形的、具有方向性的高光区域。经常在表现人工制作的对象表面或者受光的事物拥有不规则的受光表面时使用。"各向异性基本参数"卷展栏如图 5-16 所示，材质球显示如图 5-17 所示。

- Blinn：是一种带有圆形高光的明暗器。它的应用范围很广，是 3ds Max 默认的明暗器。"Blinn 基本参数"卷展栏如图 5-18 所示，材质球显示如图 5-19 所示。

图5-14 "标准"材质的参数面板

图5-15 阴影模式的种类

图5-16 "各向异性基本参数"卷展栏

图5-17 各向异性样本球

图5-18 "Blinn基本参数"卷展栏

图5-19 Blinn样本球

- 金属：正如字面意思一样，这一阴影模式主要用来表现金属效果为主的材质。"金属基本参数"卷展栏如图 5-20 所示，材质球显示如图 5-21 所示。

图5-20　"金属基本参数"卷展栏

图5-21　金属样本球

- 多层：该明暗器包含两个各项异性的高光。二者可以分别调整，从而制作出有趣的效果。"多层基本参数"卷展栏如图 5-22 所示，材质球显示如图 5-23 所示。

图5-22　"多层基本参数"卷展栏

图5-23　多层样本球

- Oren-Nayar-Blinn：该明暗器具有 Blinn 风格的高光，但看起来更柔和，比较适合表现布料、塑料等对象。"Oren-Nayar-Blinn 基本参数"卷展栏如图 5-24 所示，材质球显示如图 5-25 所示。

图5-24　"Oren-Nayar-Blinn基本参数"卷展栏

图5-25　Oren-Nayar-Blinn样本球

- Phong：该明暗器是从 3ds Max 最早版本保留下来的，它的功能类似于 Blinn，但高光有些松散，不像 Blinn 那么圆，比较适合应用在具有人工质感的对象上。"Phong 基本参数"卷展栏如图 5-26 所示，材质球显示如图 5-27 所示。

图5-26　"Phong基本参数"卷展栏

图5-27　Phong样本球

- Strauss：该明暗器用于创建金属或者非金属表面，比较适合表现涂料或油漆表面。"Strauss 基本参数"卷展栏如图 5-28 所示，材质球显示如图 5-29 所示。

图5-28　"Strauss基本参数"卷展栏

图5-29　Strauss样本球

- 半透明明暗器：该明暗器用于创建薄物体的材质，模拟光穿透的效果，比较适合表现窗帘、投影屏幕等。"半透明基本参数"卷展栏如图 5-30 所示，材质球显示如图 5-31 所示。

图5-30　"半透明基本参数"卷展栏

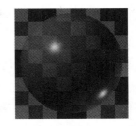

图5-31　半透明明暗器样本球

2. 底纹类型

3ds Max 2016 中有 4 种底纹类型，它们分别是"线框"、"双面"、"面贴图"和"面状"。如图 5-32 所示。下面分别介绍这 4 种底纹类型的作用。

线框

双面

面贴图

面状

图5-32　底纹类型

- 线框：它以网格线框的方式渲染物体，只能表现出物体的线架结构，对于线框的粗细，由"扩展参数"卷展栏的"大小"数值框来调节。
- 双面：它将物体法线的另一面也进行渲染。通常为了简化计算，只渲染物体的外表面。但对有些敞开的物体，其内壁不会看到材质的效果，这时就需要打开"双面"显示。
- 面贴图：将材质指定给物体所有的面，如果是一个贴图材质，则物体表面的贴图坐标会失去作用，贴图会分布在物体的每一个面上。
- 面状：它提供更细级别的渲染方式，渲染速度极慢，如果没有特殊品质的高精度要求，不要使用这种方式，尤其是在指定了反射材质之后。

5.2.2 "基本参数"卷展栏

"基本参数"卷展栏包括生成和改变材质的各种控制，该卷展栏会随着阴影类型的改变而发生相应的变化。下面以图 5-33 所示的 Blinn 阴影类型的"Blinn 基本参数"卷展栏为例来介绍"基本参数"卷展栏的相关参数。

"Blinn 基本参数"卷展栏一共有 4 个选项组，分别是"基本颜色"、"反射高光"、"自发光"和"不透明度"。

图5-33 "基本参数"卷展栏

1. "基本颜色"选项组

它控制材质的基本光照属性，共有 3 个选项，这是标准材质的 3 种明暗特性。
- 环境光：控制在远离光源的阴暗区域显示的颜色。
- 漫反射：控制整个对象的色调。
- 高光反射：控制高光区的颜色。

2. "反射高光"选项组

它确定材质表面高光的光照属性，一共有 3 个选项。
- 高光级别：确定材质表面的反光强度，数值越大反光强度越大。
- 光泽度：确定材质表面反光面积的大小，数值越大反光面积越小。
- 柔化：对高光区的反光作柔化处理，从而产生柔和效果。

3. "自发光"选项组

它使材质具备自身发光的效果，常用于制作太阳、灯泡等光源物体的材质。数值越大，自发光亮度越高。选中"颜色"复选框，可以设置不同颜色的自发光。单击数值框后面的小方块按钮，可以给自发光设置贴图。

4. "不透明度"选项组

它设置材质的不透明度，可以使物体产生透明的效果。默认值为 100，即不透明材质。

降低数值可使透明度增加，数值为 0 时变为完全透明材质。对于透明材质，还可以在扩展参数面板中调节它的透明衰减程度。

5.2.3 "扩展参数"卷展栏

"扩展参数"卷展栏，如图 5-34 所示。这个卷展栏中的参数可以调节折射率和透明度等。"扩展参数"卷展栏中的参数会随着贴图和材质的类型改变而发生变化，但是其中的设定内容和设定方式基本上区别不大。其中"线框"中的参数是将材质线框化之后才能发生作用的。"扩展参数"卷展栏包括 3 个选项组，分别是"高光透明"、"线框"和"反射暗淡"。

图5-34 "扩展参数"卷展栏

1．"高级透明"选项组

它主要用于控制透明材质的不透明衰减度设置，包括"衰减"和"类型"两部分。

- "衰减"部分有 3 个选项，用来控制物体内部和外部透明的程度。"内"单选按钮用来规定物体由边缘向中心增加透明的程度，比如玻璃的效果；"外"单选按钮规定物体由中心向边缘增加透明的程度，类似云雾的效果；"数量"数值框可以控制物体中心和边缘的透明度哪一个更强。

- "类型"部分有 3 个单选按钮，用来控制透明的类型。"过滤"以过滤色来确定透明的颜色，它会根据一种过滤色在物体的表面上色；"相减"根据背景色减去材质的颜色，使材质后面的颜色变暗；"相加"将材质颜色加到背景色中，使材质后面的颜色变亮。

2．"线框"选项组

它主要用来对线框进行编辑，它包括两个单选按钮和一个数值微调框。其中"大小"微调框用来设置线框的粗细。"像素"和"单位"两个单选按钮控制线框粗细的单位。"像素"表示线的宽度以屏幕像素为单位，"单位"表示线宽以系统设定的逻辑单位为单位。

3．"反射暗淡"选项组

它用来控制反射模糊效果，数值可通过"暗淡级别"和"反射级别"微调框来控制。"暗淡级别"可设置物体投影区反射的强度，数值为 1 时，不产生模糊影响；数值为 0 时，被投影区仍表现为原有的投影效果，不产生反射。"反射级别"可设置物体不投影区的反射强度，它可以使反射强度倍增，一般用默认值即可。如果选中"应用"复选框，则反射模糊将发生作用。

5.2.4 "超级采样"卷展栏

"超级采样"卷展栏如图 5-35 所示。这个卷展栏可设置渲染的高级采样的效果，以提供更精细级别的渲染效果。它通常用于渲染高精度的图像，或者消除反光点处的锯齿或毛边。但是在使用时会消耗大量的渲染时间，在使用"光线跟踪"材质的时候更加突出。

图5-35 "超级采样"卷展栏

5.2.5 "贴图"卷展栏

"贴图"卷展栏如图 5-36 所示。在这里可以赋予材质不同的类型和性质。

在"贴图"卷展栏中，有很多参数和贴图效果，下面就简单介绍这些参数的功能和使用方法。

- 环境光颜色：这个贴图取代了环境色，使得对象的阴影看起来像贴图。
- 漫反射颜色：这个贴图取代了漫反射，这是用于对象的主要颜色，是最常用的贴图通道。默认情况下"漫反射颜色"和"环境光颜色"贴图是相同的。如果要分别设置它们的贴图，可以单击它们之间的▇按钮，解除锁定即可。
- 高光颜色：这个贴图通道可以在对象的最明亮部分加入贴图。我们可以在对象受光最强烈的部分赋予贴图，受到的反射越强烈，贴图越清晰，但是如果对象表面没有强烈的光反射区域，那么就不会显示贴图。
- 高光级别：该贴图通道可在赋予对象贴图后在对象表面生成一个明暗通道，效果如图 5-37 所示。

 提示

彩色或黑白图片皆可。

图5-36　"贴图"卷展栏

图5-37　使用"高光级别"效果

- 光泽度："光泽度"通道与"高光级别"通道的使用方法基本是一样的，但是"光泽度"贴图通道与"高光级别"贴图通道的意义截然相反，它是将作为通道图片的亮部还原，将暗部变为高光区域。
- 自发光：这个贴图通道可以产生自发光效果，在使用这个贴图通道的时候，同样也是在对象表面按照所用图片的明暗生成一个通道，但有所不同的是，在图片中偏白的部分会产生自发光效果。它不受光线的影响，不管是在对象的暗部或是亮部，都不会受到影响。相反的，在图片中越接近黑色的部分，也就逐渐不会产生自发光效果了。
- 不透明度：这个贴图通道一般用来表现三维场景中一些非三维对象的效果，它可以过滤掉不需要的材质边缘，只显示需要的部分，因为它对白色的贴图部分是保留的，对于偏黑色部分就会逐渐变为透明。

对于"不透明度"贴图通道的操作，这里用一个实例来说明一下，具体过程如下：

（1）在 Photoshop 中打开图 5-38 所示的树叶图片，然后将图片中的树叶部分全部填充为白色，背景变为黑色，如图 5-39 所示。

图5-38 原图

图5-39 修改图片

（2）单击"不透明度"后边的 None 按钮，在弹出的对话框中选择"位图"选项后单击"确定"按钮。然后在弹出的"选择位图图像文件"对话框中找到修改后的图片，单击"打开"按钮。接着单击材质编辑器工具条中的██按钮，回到上一层级。

（3）在场景中创建"平面"，如图 5-40 所示。然后将贴图赋予平面，这样树叶的一个剪影轮廓就出现在了场景中，结果如图 5-41 所示。

图5-40 创建"平面"

图5-41 赋予贴图

（4）在"漫反射颜色"贴图通道中加入树叶原来的贴图，这样一个完整的树叶就出现在场景中了，此时效果如图 5-42 所示。

（5）此时虽然树叶已经出现在场景中，但是树叶的阴影还是平面的形态。这时就要改变灯光的阴影模式。在默认情况下，灯光的阴影模式是"阴影贴图"模式，下面将其改为"光线跟踪阴影"模式，如图 5-43 所示。现在阴影的效果也比较完美了，如图 5-44 所示。

图5-42 加入漫反射材质

图5-43 修改灯光阴影模式

图5-44 最终效果

提示

该项一般在处理平面上的植物或者是远景背景时使用，这样可以节约不少资源，加快工作效率。

- 过滤色：这个贴图通道在加入贴图后并不能在对象表面显示出来，必须改变对象本身的不透明度才能看到。这个功能基本与"不透明度"功能相同，但是如果透明度为0，那么就会变为透明状态。
- 凹凸：这个贴图通道是通过位图的颜色使对象的表面凸起或是凹陷。贴图中白色区域凸起，黑色区域凹陷。
- 反射：这种贴图通道是一种高级的贴图方式，主要用于表现具有镜像效果的对象，比如水面、玻璃或者光滑的大理石表面等。
- 折射：这个贴图可在对象表面折射周围的其他对象或者环境。它可以很好地表现诸如水、玻璃、冰块等对光线的折射。在使用这一效果的同时，也会牺牲大量的渲染时间，但是最终的完成效果绝对是一流的。

对于"折射"贴图通道的操作，这里用一个实例来说明一下，具体过程如下：

（1）创建一个简单的场景，如图5-45所示。

（2）单击"折射"后边的None按钮，然后在弹出的对话框中选择"反射/折射"选项，如图5-46所示，单击"确定"按钮。

图5-45　创建简单场景

图5-46　选择"反射/折射"选项

（3）单击材质编辑器示例窗下边的按钮，回到上一层级。将材质赋予对象，渲染后结果如图5-47所示。

提示

可以通过改变折射数值可以调节折射率。

- 置换："置换"贴图通道是将图片的黑白灰色调的深浅值置换成挤压力度值，从而对对象产生性质替换的一种贴图方式，形象地说就是利用图片的明暗关系，做出隆起或者凹陷的效果。一般应用在 NURBS 对象或者是多边形对象上，作用和"凹凸"贴图比较类似。

图5-47 "反射/折射"效果

5.3 标准材质类型

材质是给对象赋予质感的功能。进一步来说，材质类型用于制作并具体设置这一质感。一个材质类型可以包含多个贴图类型，但是贴图类型中不包含材质类型。换句话说，材质类型是贴图类型的上一个层级。

接下来就要了解一下标准材质类型的具体用途。单击图 5-14 中的 Standard 按钮，从弹出的"材质／贴图浏览器"对话框中可以看到 3ds Max 2016 标准材质类型中包括 16 种材质，如图 5-48 所示。

图5-48 "材质/贴图浏览器"对话框

5.3.1 "混合"材质

"混合"材质就是将两种材质混合起来，通过"遮罩"可以设置两种材质的混合方式。"混合基本参数"卷展栏如图 5-49 所示，混合效果如图 5-50 所示。

图5-49 "混合基本参数"卷展栏

"混合基本参数"卷展栏参数解释如下：

- 材质 1：选择合成材质的第一种材质。
- 材质 2：选择合成材质的第二种材质。
- 交互式：选中后，这种材质就会在场景中表现为阴影。
- 遮罩：在这里加入的图片会被识别为黑白图片，并按照图片的明暗关系对以上选择的材质进行混合。
- 混合量：这个参数只有在没有使用"遮罩"贴图的时候才能使用，默认值为 0。在为 0 的时候只显示"材质 1"的材质，调高数值后逐渐显示"材质 2"的材质，数值为 100 时只显示"材质 2"的材质。
- 使用曲线：可以使"材质 1"和"材质 2"的图片更加紧密地合成在一起。
- 上部：调整上一层级的合成部位。
- 下部：调整下一层级的合成部位。

材质 1 + 材质 2 + 遮罩 = 结果

图5-50 混合效果

5.3.2 "双面"材质

"双面"材质包括两部分材质：一部分是在对象的外表面，另一部分是在对象的内表面。"双面基本参数"卷展栏如图 5-51 所示。实际应用效果如图 5-52 所示。

图5-51 "双面基本参数"设置卷展栏　　　　图5-52 "双面"材质应用效果

"双面基本参数"卷展栏参数解释如下：

- 半透明：可以调整材质的透明度。随着数值的升高，指定在内部的材质从外部、外部的材质从内部开始变得透明。
- 正面材质：选择对象外部的材质。
- 背面材质：选择对象的内部材质。

如果没有选定"正面材质"或"背面材质"后边的复选框，就会使用黑色进行渲染。

5.3.3 "多维 / 子对象"材质

"多维 / 子对象"材质的奇妙之处在于能分别为对象的不同子级赋予不同的材质。例如对于一个长方体，可以使用"多维 / 子对象"材质为每个面指定不同的材质。

"多维 / 子对象基本参数"的卷展栏如图 5-53 所示，实际应用效果如图 5-54 所示。

图5-53 "多维/子对象基本参数"卷展栏

图5-54 "多维/子对象"材质应用效果

"多维 / 子对象基本参数"卷展栏参数解释如下：

- 设置数量：设置使用材质的个数，默认为 10 种材质。
- 添加：增加新的材质，如果已经给对象指定了若干材质 ID，并且已经没有多余可使用的材质 ID 的情况下，单击"添加"按钮就可以增加一个新的材质。
- 删除：删除所选定的材质，在删除的同时材质也就失去了作用。
- ID：材质的编号。
- 名称：在这栏中可以给材质指定名称。在场景中如果使用的材质很多，为了方便地查找、修改或管理材质，就要在这里使用相应的名称来进行区分。即使在材质不是很多的时候也要养成编制名称的习惯。
- 子材质：给相应的 ID 指定材质。
- 颜色：在不指定材质的情况下，也可以修改对象的漫反射颜色。
- 启用 / 禁用：决定是否使用相应的 ID 中的材质。

5.3.4 "顶 / 底"材质

"顶 / 底"材质就是给对象的上部和下部分别赋予不同贴图的材质类型，也是一种比较常用的材质类型。

"顶 / 底"材质的基本参数卷展栏如图 5-55 所示，实际应用效果如图 5-56 所示。

图5-55　"顶/底基本参数"卷展栏

图5-56　"顶/底"材质应用效果

"顶／底基本参数"卷展栏参数解释如下：

- 顶材质：指定对象的上部材质。
- 底材质：指定对象的下部材质。
- 交换：单击该按钮后会将"顶材质"与"底材质"的位置对调。
- 坐标：指定贴图的轴。
- 世界：以对象的世界轴坐标为标准，混合上下两部分的材质，不适合制作动画。
- 局部：以对象的自身坐标为标准混合上下两部分，在制作动画时必须使用这项。
- 混合：这个数值是用来调节"顶材质"与"底材质"两个材质区域边界的柔和度的，数值越大，混合度越高。
- 位置：用来调节"顶材质"与"底材质"所占区域的比例，默认值为50（即两种材质各占一半）。

5.3.5　"光线跟踪"材质

"光线跟踪"材质是可以同时使用反射和折射的材质类型，可以精确控制反射和折射的各种属性，包括对高光反射部位的贴图和暗部贴图的折射率、折射的颜色、透明度等属性的调整。它的参数设置卷展栏如图5-57所示，效果如图5-58所示。

图5-57　"光线跟踪基本参数"卷展栏

图5-58　"光线跟踪"材质效果

"光线跟踪基本参数"卷展栏参数解释如下：

- 环境光：表示阴影部分的颜色，"环境光"决定吸收多少光的值。解除这一选项的复选框就可以不用颜色，改为使用数值来进行设置。
- 漫反射：和普通材质中的"漫反射"作用相同，但是当"反射"值是纯白色或者取最大值100的时候并不显示本身的颜色，而是反射周围对象或是背景的颜色。

- 反射：可以调整对象的透明度和对环境的反射值。可以通过颜色进行调整，使用颜色进行调整的时候是按照颜色的明暗来取值的，色调越亮反射越强，反之越弱，但是并不影响对象颜色上的变化。同样，在解除这一项复选框的时候可以通过数值来调整，这时默认的颜色就是纯黑色或纯白色。

- 发光度：与普通材质中的"自发光"具有相同的效果。但是不同的是，"自发光"是让漫反射颜色中的颜色发光，而"发光度"是按照自己设定的颜色发光，即可以发出与对象本身不同的光。如果取消勾选此选项，也可以通过数值来进行调整，并且颜色也默认为纯黑或纯白色，这一点和自发光的性质完全一样。

- 透明度：可以调整对象的透明度。它和普通材质中的"不透明"的概念是完全一样的，这一功能也可以通过颜色和数值两种方式来进行设置。

- 折射率：代表透过"光线跟踪"材质的光线折射率。在取值为1的时候不发生变化，但是当值高于1的时候后面的对象就会扩大显示，低于1的时候就会缩小显示。如果要表现水中透过对象折射的效果，就要调整"透明度"。

- 高光颜色：用来调整对象高光部分的颜色、强度和扩散值。

- 高光级别：代表对象受到光线影响在表面形成的高光区域，可以用来指定这一部分的颜色，默认为白色。

- 光泽度：表示高光部分的强度。区别就是在普通材质中可以使用的最高值为100，这里为200。

- 柔化：也和普通材质中的柔化一样。可以用来调整"高光度"和"光泽度"之间的柔和度。

- 环境：忽视反射在对象表面的场景颜色和贴图。使用这里的贴图来进行替换，使对象表面折射出来的映像和这里设置的图片一致。

- 凹凸：和普通材质中的凹凸的作用一样，利用打开的图片的明暗关系来表现对象表面的纹理效果。

5.3.6 Ink'n Paint 材质

"Ink'n Paint"的材质类型比较接近于 2D Illustrator 的效果，这种材质是现在比较流行的一种材质，一般称为 2D 渲染方式，渲染效果如图 5-59 所示。"Ink'n Paint"材质包含以下几个参数设置卷展栏。

1. "基本材质扩展"卷展栏

"基本材质扩展"卷展栏如图 5-60 所示。它的参数解释如下。

图5-59 "Ink'n Paint"效果

图5-60 "基本材质扩展"卷展栏

- 双面：和普通的材质"双面"作用一样，默认是选定状态的。
- 面贴图：以对象所有的面为单位来运用。
- 面状：表现解除每个面的柔化之后的坚硬效果。但是实际上是与"面贴图"的效果是一样的。
- 未绘制时雾化背景：在背景中设置烟雾，此项只有在解除"绘制控制"卷展栏中的所有选定时才能使用。如果在场景中加入烟雾效果，那对象就会变为和烟雾一样的颜色。
- 不透明 Alpha：选中"不透明 Alpha"复选框后进行渲染就不会在场景中形成任何的 Alpha 的通道值。
- 凹凸／置换：和前边提到的标准材质中的一般贴图的"凹凸"和"置换"功能是一样的。

2. "绘制控制"卷展栏

"绘制控制"卷展栏如图 5-61 所示。它的参数解释如下。

图5-61 "绘制控制"卷展栏

- 亮区：可以指定对象的整体颜色，还可以在"None"按钮中加入其他贴图图片。并可以调整材质的清晰程度。
- 绘制级别：这个参数可以用来设定对象的层次感。最高有 255 个层级，层级越多，层次感越强，但是渲染时间就越长。
- 暗区：在默认情况下暗区都是被选中的，它代表的是对象上最阴暗的部分。在选中的情况下阴影部分为黑色，数值越低，阴暗的部分越多；数值越高，阴暗的部分就越少。如果不选中这项，那么就可以改变暗部的颜色或者添加材质。
- 高光：正如它的字面意思那样，控制的区域是对象上的高光部分。在选中这一项后，高光区域就出现在对象上，可以直接改变颜色并可以通过调整光泽度的值来改变高光区域的大小，或者直接在后边的 None 按钮中加入贴图，并可通过调节数值来调整混合度。

3. "墨水控制"卷展栏

"墨水控制"卷展栏如图 5-62 所示。它用于实现对材质颜色、表面凹凸、边缘轮廓线、内部轮廓线、高光等属性的调整。它的参数解释如下。

图5-62 "墨水控制"卷展栏

- 墨水：选中"墨水"复选框后才会在渲染时出现对象的轮廓线。
- 墨水质量：数值越大轮廓线越准确。最高值为 3，但是相应的渲染时间也会拉长。这个卷展栏的功能是表现外轮廓线和内轮廓线的粗细、颜色等参数的选项组。
- 墨水宽度／可变宽度／钳制：这 3 个参数互相关联。首先"墨水宽度"的作用是调整轮廓线的粗细。如果选中"可变宽度"复选框，那么就可以产生轮廓线在对象凸起的部分逐渐变细的效果，这时"墨水宽度"下边的"最小值"开始发生作用，"最小值"代表最细部分宽度，"最大值"代表最粗部分的宽度；如果没有选中"钳制"，那么线条就会和亮区的亮度保持一致。
- 轮廓：代表对象的外轮廓线，在这里可以改变外轮廓线的颜色。"相交偏移"数值框可以用来设置外轮廓线交叉区域的倾斜度。

- 重叠：表现一个对象中重叠的区域，默认状态为非选中状态。
- 小组：代表一个对象的内轮廓线，同外轮廓线一样，也可以进行改变颜色等设置。
- 材质 ID：可以在同一个对象的面中指定各自不同的 ID 来分别运用不同的颜色或者贴图。

5.3.7　其他材质类型

1．"虫漆"材质

"虫漆"材质能够混合两个材质并表现出具有光泽的效果。当然还有其他的方法可以做出混合并有光泽的效果，但是效果最好的还是虫漆材质。

"虫漆材质基本参数"卷展栏如图 5-63 所示。效果如图 5-64 所示。

图5-63　"虫漆材质基本参数"卷展栏

图5-64　"虫漆"材质效果

2．"标准"材质

这里所说的"标准"材质就是普通材质。它是 3ds Max 2016 以前版本中默认的材质类型，也是最基础的材质类型，所有对象的材质效果就是用它来编辑完成的，其他的材质类型只不过起了一个合成的作用。

3．"建筑"材质

"建筑"材质会自动将光线追踪算法加入到渲染之中，从而反映真实的反射与折射。"建筑"材质的参数卷展栏如图 5-65 所示。

4．壳材质

"壳材质参数"卷展栏如图 5-66 所示。它的参数解释如下。

图5-65　"壳"材质卷展栏

图5-66　"壳材质参数"卷展栏

- 原始材质：在这里添加的材质，其作用和使用方法基本和一般材质一致。
- 烘焙材质："烘焙材质"除了包含原始材质的颜色和贴图之外，还包含了灯光的阴影和其他信息。
- 视口：控制在视窗中显示哪种材质。
- 渲染：控制在渲染时显示哪种材质。

5．从外部参照材质

从外部参照材质可以使用户在场景中参照外部某个应用于对象的材质。对于外部参照对象，材质保存在单独的源文件中。用户可以仅在源文件中设置材质属性。当用户在源文件中改变材质属性然后保存时，在包含外部参照的主文件中，材质的外观可能会发生变化。

6．"合成"材质

"合成"材质最多可以合成 10 种材质。按照在卷展栏中列出的顺序，从上往下叠加材质。合成材质只有一个"合成材质"卷展栏，如图 5-67 所示。它的参数解释如下。

图5-67　"合成基本参数"卷展栏

- "材质 1"到"材质 9"：勾选它们前面的复选框，将在合成中使用该材质。如果不勾选，则不使用该材质。默认为勾选状态。
- A：激活该按钮，将使用相加不透明度。
- S：激活该按钮，将使用相减不透明度。
- M：激活该按钮，将根据后面数值框中的数量值来混合材质。

7．DirectX Shader

DirectX Shader 材质一般是游戏制作当中用来导出到游戏引擎的特殊材质，不作为渲染使用。

8．变形器

"变形器"材质类型并不能产生变形的作用，光凭材质本身起不到任何效果。只有在对象上使用了修改器中的"变形"之后，才能使用材质编辑器中的"变形"材质并产生效果。也就是说变形的材质类型一般应用到动画中，表现对象从一种材质变为另一种材质或者利用"凹凸"贴图来制作突起等效果。

通过这一功能也能够制作人物面部表情发生变化时出现的皱纹等效果。"变形器基本参数"卷展栏如图 5-68 所示。

图5-68　"变形器基本参数"卷展栏

9．无光／投影

"无光／投影基本参数"卷展栏如图 5-69 所示。效果如图 5-70 所示。

图5-69 "无光/投影基本参数"卷展栏　　　　图5-70 "无光/投影"材质效果

它的作用是隐藏场景中的对象，而且在渲染时也无法看到，它不会对背景进行遮挡，但对场景中的其他对象却起着遮挡作用，而且还可以表现出自身投影和接受投影的效果。

产生阴影材质需要 3 个要点：

（1）有产生阴影的对象。

（2）有接收阴影的对象，"无光／投影"材质就是赋给该对象的。

（3）在"无光／投影"材质中选中"接收阴影"复选框。

10．高级照明覆盖

"高级照明覆盖"材质的功能主要是可以让自发光的对象产生逼真的发光效果，向周围发出光线。"高级照明覆盖材质"卷展栏如图 5-71 所示，效果如图 5-72 所示。

图5-71 "高级照明覆盖材质"卷展栏　　　　图5-72 "高级照明覆盖"材质效果

5.4 标准贴图类型

3ds Max 2016 共有 39 种标准贴图，这些贴图都可以在"材质／贴图浏览器"对话框中找到，如图 5-73 所示。

5.4.1　"位图"贴图

　　"位图"贴图是较为常用的一种二维贴图。在三维场景制作中大部分模型的表面贴图都要与实际情况相吻合，而这一点通过其他程序贴图是很难实现的，也许通过一些程序贴图可以模拟出一些纹理，但这与真实的纹理有一定差距。在这时候我们大多会选择以拍摄、扫描等手段获取的位图来作为这些对象的贴图。

　　对于"位图"贴图的操作，这里用一个实例来简单说明一下，具体过程如下：

　　（1）在场景中创建一个茶壶，如图5-74所示。

　　（2）单击工具栏上的（材质编辑器）按钮，进入材质编辑器。然后选择一个空白的样本球，指定给它一个标准材质后单击■（将材质指定给选定对象）按钮，将材质赋予场景中的茶壶。

　　（3）在材质编辑器的"明暗器基本类型"卷展栏中选择Blinn，在"Blinn基本参数"卷展栏中设置"高光级别"为100，"光泽度"为40，如图5-75所示。

　　（4）展开"贴图"卷展栏，单击"漫反射颜色"后面的"无"按钮，如图5-76所示，然后在弹出的"材质贴图浏览器"对话框中选择"位图"选项，单击"确定"按钮。

　　（5）在随后弹出的"选择位图图像文件"对话框中选择相应的位图作为茶壶的表面贴图，如图5-77所示，单击"打开"按钮。

　　（6）单击工具栏中的■（渲染产品）按钮，渲染后结果如图5-78所示。

图5-73　标准贴图类型

图5-74　创建茶壶

图5-75　设置基本参数

图5-76　单击"漫反射颜色"
后面的"无"按钮

图5-77 选择相应的位图

图5-78 渲染后效果

（7）当需要快速渲染且不要求精度的情况下，可以使用位图作为反射和折射贴图，来模拟自动反射和折射的效果。方法：在"贴图"卷展栏中单击"反射"右侧的"无"按钮，在弹出的对话框中选择"位图"选项，然后在随后弹出的"选择位图图像文件"对话框中选择一幅图片作为反射贴图，如图5-79所示，渲染后结果如图5-80所示。

图5-79 选择用于反射的位图

图5-80 渲染后效果

5.4.2 "棋盘格"贴图

如果从"材质／贴图浏览器"对话框中选择"棋盘格"选项，然后单击"确定"按钮，即可进入"棋盘格"贴图设置。"棋盘格"贴图包括"坐标"、"噪波"和"棋盘格参数"3个卷展栏，如图5-81所示。

1. "坐标"卷展栏

"坐标"卷展栏中的参数是对模型表面贴图的位置、重复次数、排列方式等效果的设置。图5-82所示为不同UV平铺值的效果比较。

图5-81 "棋盘格"卷展栏

2．"噪波"卷展栏

"噪波"卷展栏中的参数是对对象表面贴图进行变形和调整等效果的设置，只有在"启用"前边的复选框选中时才能产生作用。图 5-83 所示为不同级别的效果比较。

图5-82　不同UV平铺值的效果比较

图5-83　不同级别的效果比较

3．"棋盘格参数"卷展栏

"棋盘格参数"卷展栏的参数用于改变颜色，利用"柔化"可以将形成图案的两种颜色的边界部分进行混合；利用"交换"可以将后边"颜色＃1"和"颜色＃2"中的颜色位置调换。此外还可以用贴图来代替颜色，如图 5-84 所示。

5.4.3　"渐变"贴图

"渐变"贴图的作用是使用 3 种不同的颜色或者贴图生成渐变效果。一般应用在天空或海水的制作上。"渐变参数"卷展栏（见图 5-85）中的"颜色＃1"、"颜

图5-84　添加贴图后的"棋盘格"贴图效果

色＃2"及"颜色＃3"和前边的"棋盘格"贴图中"颜色＃1"和"颜色＃2"的作用和使用方法完全一样。实际应用效果如图 5-86 所示。

图5-85 "渐变参数"卷展栏

图5-86 "渐变"贴图效果

"渐变参数"卷展栏参数解释如下。

1．"贴图"选项组

- 颜色2位置：这个数值可以调整3个渐变色或图片的分布位置。
- 线性：默认选项，为普通的线性渐变。
- 径向：制作放射型渐变。

2．"噪波"选项组

- 数量：这一数值可决定噪波的程度，最大值为1。
- 规则：该选项为默认选项，常用于表现烟雾或云彩等效果，表现效果比较柔和。
- 分形：常用表现海水中的影子等效果，表现效果比较粗糙。
- 湍流：常用来表现电子波长等效果，能够产生非常强烈的变形效果。
- 大小：这一数值可以用来指定纹理的大小。
- 相位：可以在噪波中产生流动效果，用来制作动画。
- 级别：只有在选中上边的"紊乱"和"碎片"模式才能使用，可以用来调节"紊乱"和"碎片"的效果。

3．"噪波阈值"选项组

- 低：在下边设置噪波的移动方向。
- 高：在上边设置噪波的移动方向。
- 平滑：可以让噪波的边界变得柔和。

如果分别在"颜色#1"、"颜色#2"和"颜色#3"后边的"无"按钮中添加贴图，这些贴图在对象表面上就会进行渐变混合。

5.4.4 "噪波"贴图

"噪波"贴图的应用范围非常广泛，用途也很多，可以用来表现水面、云彩和烟雾等效果。"噪波参数"卷展栏如图5-87所示。"噪波"贴图的效果如图5-88所示。

"噪波参数"卷展栏参数解释如下。

- 噪波类型：在这里有3种噪波类型可以选择，可以用来表现不同的效果。

图5-87 "噪波参数"卷展栏

图5-88 "噪波"贴图效果

➤ 规则：制作柔和有规律的噪波图案。

➤ 分形：表现比较粗糙的"噪波"贴图。

➤ 湍流：制作更加粗糙并且复杂的贴图。

• 噪波阈值：调整两个颜色的区域和浓度。

➤ 高：代表"颜色 #2"颜色的区域大小，数值越小范围越大，颜色越浓。

➤ 低：代表"颜色 #1"颜色的区域大小，数值越小范围越大，颜色越浓。

• 级别：在噪波类型中选择"规则"时不能使用，用来控制噪波的粗糙程度。

• 相位：在动画中运用"噪波"贴图时，用来表现噪波始点移动的动画效果。

• 大小：控制"噪波"贴图图案的整体大小。

• 颜色 #1／颜色 #2："颜色 #1"代表噪波的纹理颜色；"颜色 #2"代表噪波的背景图案的颜色。同样在后边的"无"按钮中可以添加位图贴图。

5.4.5 其他贴图

在"材质／贴图浏览器"对话框中还有很多其他类型的贴图，其使用方法和前面讲的贴图都差不多。下面就来简单介绍一下各个贴图的作用范围和效果。

• "Combustion"贴图：用于在 3ds Max 2016 中调用 Combustion 软件中的贴图。

• "Perlin 大理石"贴图：用于制作珍珠岩状的贴图效果。

• "RGB 倍增"贴图：用于加倍两个单独贴图的 RGB 值并将其组合起来创建单个贴图。

• "RGB 染色"贴图：用于为图像添加一个 RGB 染色，可以通过调节 RGB 值改变图的色调。

• Substance 贴图：该贴图是与分辨率无关的动态 2D 纹理贴图，占用的内存和磁盘空间很小，因此适合于通过 Allegorithmic Substance Air 中间件服务导出到游戏引擎。

• "光线跟踪"贴图：是非常重要的贴图模式，包含标准材质所没有的特性，如半透明性和荧光性。

• "凹痕"贴图：常用于"凹凸"贴图通道，表现一种风化腐蚀的效果。

• "反射／折射"贴图：用于反射和折射贴图方式，效果不如"光线跟踪"贴图，但渲染速度快。

• "合成"贴图：用于使用 Alpha 通道将指定数目的几个贴图结合成简单贴图。

• "向量置换"贴图：该贴图允许在三个维度上置换网格，这与之前仅允许沿曲面法线进行置换的方法形成鲜明对比。

• "向量贴图"贴图：该贴图可以将基于向量的图形（包括动画）用作对象的纹理。

• "大理石"贴图：用于模拟大理石的贴图效果。

- "平铺"贴图：可以不使用图片就生成各种不同图案的砖，关于它的使用方法基本和前面提到的贴图类型大同小异，同样也可以用已有的贴图取代颜色，并且可以随意改变砖缝的纹理。

- "平面镜"贴图：该贴图用于共面集合时生成反射环境对象的材质。可以将它指定为材质的反射贴图。

- "斑点"贴图：用于表现一些斑点、油污等效果。

- "木材"贴图：用于模拟三维的木纹纹理。

- "每像素摄像机贴图"贴图：用于从特定的摄影机方向投射贴图。

- "法线凹凸"贴图：该贴图使用的是纹理烘焙法线贴图，用于指定给材质的凹凸和位移组件。

- "波浪"贴图：用于表现水面波纹一类的贴图。

- "泼溅"贴图：用于表现油彩飞溅的效果。

- "混合"贴图：用于将两种颜色或材质混合在一起。此外还可以将"混合数量"参数设为动画，然后画出使用变形功能曲线的贴图，来控制两个贴图随时间混合的方式。

- "渐变坡度"贴图：与"渐变"贴图很相似，作用也是一样的，但是"渐变坡度"贴图的功能更加强大，可以表现的渐变层次更丰富。

- "漩涡"贴图：用于将两种颜色或图片进行混合，制作出具有漩涡效果的贴图。

- "灰泥"贴图：配合"凹凸"贴图通道，可模拟类似泥灰剥落的无序斑点效果。

- "烟雾"贴图：用于表现烟雾形状的图案，形式和噪波贴图类似。

- "粒子年龄"贴图：是应用在粒子上的一种贴图方式，它可以表现最初形成粒子、结束粒子和两者之间粒子的颜色或贴图。

- "粒子运动模糊"贴图：用于给粒子增添运动模糊效果。

- "细胞"贴图：用于随机产生细胞、鹅暖石状的贴图效果。

- "薄壁折射"贴图：常用于配合"折射"贴图通道使用，可模拟透镜变形的折射效果，能制作透镜、玻璃和放大镜等。

- "衰减"贴图：用于产生由明到暗的衰弱效果。

- "贴图输出选择器"贴图：该贴图是多输出贴图（如 Substance）和它连接到的材质之间的必需中介。它的主要功能是告诉材质将使用哪个贴图输出。

- "输出"贴图：用于弥补某些无输出设置的贴图类型，可以将图像进行反转、还原、增加对比度等处理。

- "遮罩"贴图：用于将图像作为遮罩框蒙在对象表面，好像在外面盖上一层图案的薄膜，以黑白度来决定透明度。

- "顶点颜色"贴图：用于赋予可编辑的网格物体，从而产生五彩斑斓的效果。

- "颜色修正"贴图：使用基于堆栈的方法修改并加入基本贴图的颜色。

5.5　实 例 讲 解

本节将通过"制作雪碧易拉罐"、"制作金属镜面反射材质效果"、"制作景泰蓝花瓶材质"、"制作冰块"、"动态扫光效果"和"制作山水及天空材质"6个实例来讲解材质与贴图在实践中的应用。

5.5.1 制作雪碧易拉罐

要点

　　本例将制作一个雪碧易拉罐，如图5-89。通过本例的学习，应掌握材质编辑器的基本参数的使用方法。

图5-89　雪碧易拉罐

操作步骤：

1．制作罐体

　　（1）单击菜单栏左侧的快速访问工具栏中的 按钮，然后从弹出的下拉菜单中选择"重置"命令，接着在弹出的对话框中单击"确定"按钮，重置场景。

　　（2）在前视图中创建一个矩形，如图5-90所示。

　　（3）选中这个矩形，进入 （修改）面板，执行修改器中的"编辑样条线"命令。然后进入 （顶点）层级，单击 优化 按钮。接着将鼠标指针移动到矩形的两条短边上，待指针变成加点形状时单击，即可添加一个顶点。

　　（4）同理，在两边上各加两个"顶点"，如图5-91所示。

图5-90　绘制矩形

图5-91　添加顶点

　　（5）关掉"优化"按钮，然后移动顶点和调整顶点控制柄，如图5-92所示。

提示

如果需要对顶点的两条控制柄分别进行调整，可以在选中顶点的同时右击，在弹出的快捷菜单中选中"Bezier 角点"选项，如图 5-93 所示。这样即可将其他形式的顶点转化成贝塞尔角点，然后就可以单独对任意一条控制柄进行调整了。

图5-92　调整顶点的位置

图5-93　转换为"Bezier 角点"

（6）退出"顶点"层级，执行修改器下拉列表中的"车削"命令，参数设置及结果如图 5-94 所示。

图5-94　　"车削"后的效果

提示

此时如果对罐体的外形还不满意，可以进入修改器"编辑样条线"中的"顶点"层级，对顶点进行再次修改。

2．制作易拉罐材质

（1）单击工具栏上的 按钮，进入材质编辑器。然后选择一个空白的材质球，将其命名为"雪碧材质"，然后设置"明暗器基本参数"卷展栏中的参数，如图 5-95 所示。

图5-95　设置明暗器基本参数

（2）指定反射贴图。展开"贴图"卷展栏，指定给"反射"右侧按钮配套资源中的"素材及结果 \maps\ 云彩 .jpg"贴图，如图 5-96 所示。

（3）选中罐体，单击材质编辑器工具栏上的 按钮，将刚才制作的贴图赋予罐体。然后单击工具栏上的 （渲染产品）按钮，渲染后结果如图 5-97 所示。

图5-96　指定给"反射"一张"云彩.jpg"贴图

图5-97　渲染后的效果

（4）指定给"漫反射颜色"右侧按钮一张配套资源中的"素材及结果 \maps\ 雪碧 .jpg"贴图，如图 5-98 所示。

图5-98　指定给"漫反射颜色"一张"雪碧.jpg"贴图

（5）为了直接在视图中看到渲染结果，可以单击材质编辑器工具栏上中的▨（视图中显示明暗处理材质）按钮，这样在视图中就可以观察贴图后的模型情况了，如图5-99所示。

（6）此时效果不是很理想。这是因为贴图轴向不对，为了解决这个问题需要对雪碧的贴图进行进一步调整。方法：选中罐体，执行修改器上的"ＵＶＷ　贴图"命令，设置参数及效果如图5-100所示。

 提示

　　　此时一定要取消勾选"真实世界贴图大小"复选框。

图5-99　在视图中观看效果

图5-100　执行"ＵＶＷ　贴图"命令后的效果

（7）此时雪碧贴图范围过大，需要缩小。方法：单击材质编辑器中"漫反射颜色"右侧的带 M 字样的按钮，进入雪碧贴图的扩展参数面板，设置参数如图 5-101 所示，此时渲染结果如图 5-102 所示。

图5-101　设置雪碧贴图参数

图5-102　调整后的效果

（8）复制一个雪碧罐，然后制作一个桌面，渲染后的效果如图 5-103 所示。

图5-103　雪碧效果

5.5.2　制作金属反射材质效果

 要点

本例将制作一个金属倒角文字效果，如图 5-104 所示。通过本例的学习，应掌握"倒角"命令和金属材质的综合使用。

图5-104　金属倒角文字效果

操作步骤：

1．建立模型

（1）单击菜单栏左侧的快速访问工具栏中的 ■ 按钮，然后从弹出的下拉菜单中选择"重置"命令，接着在弹出的对话框中单击"确定"按钮，重置场景。

（2）单击 ■ （创建）面板中的 ■ （图形）按钮，在出现的图形命令面板中单击"文本"按钮。接着在文本框中输入文字"3ds max"，参数设置及结果如图5-105所示。

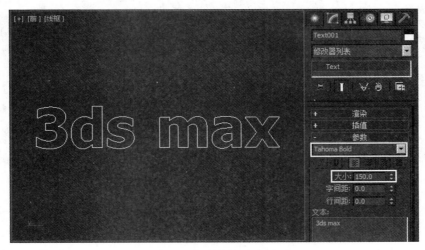

图5-105 输入文字

（3）选中文字，进入 ■ （修改）面板，执行修改器中的"倒角"命令，参数设置及结果如图5-106所示。

图5-106 创建倒角文字

（4）进入 ■ （摄像机）面板，单击"目标"按钮，然后在前视图中创建一架目标摄像机，并调整其位置。接着选中透视图，按快捷键【C】，将透视图切换为摄像机视图，结果如图5-107所示。

图5-107　将透视图切换为摄像机视图

（5）单击 （创建）面板中的 （几何体）按钮，然后单击其中的"长方体"按钮，在顶视图中创建一个长方体，参数设置及结果如图5-108所示。

图5-108　创建长方体

2. 设置灯光及材质

（1）进入 （灯光）面板，单击"目标聚光灯"按钮。然后在顶视图中创建一盏目标聚光灯。接着进入 （修改）面板，修改其参数，如图5-109所示。

图5-109 创建目标聚光灯并修改参数

（2）制作文字材质。方法：单击工具栏上的 按钮，进入材质编辑器。然后选择一个空白的材质球，在"明暗器基本参数"卷展栏中设置参数如图 5-110 所示。

图5-110 设置明暗器基本参数

（3）展开"贴图"卷展栏，单击"反射"右侧的按钮，在弹出的"材质／贴图浏览器"对话框中选择"位图"，如图 5-111 所示，单击"确定"按钮。然后在弹出的对话框中选择配套资源中的"素材及结果＼maps＼CHROMIC.jpg"贴图，如图 5-112 所示，此时材质球如图 5-113 所示。接着单击 （将材质指定给选定对象）按钮，将材质赋予视图中的文字。

图5-111　选择"位图"

图5-112　"CHROMIC.jpg"贴图

图5-113　材质球

（4）制作地面材质。方法：在材质编辑器中选择一个空白的材质球，单击"漫反射"右侧按钮。接着从弹出的"材质／贴图浏览器"对话框中选择"棋盘格"贴图，如图5-114所示，单击"确定"按钮，进入"棋盘格"贴图的参数设置面板。

（5）在"棋盘格"参数设置面板的"坐标"卷展栏中设置"平铺"的U、V值均为60。然后将"颜色＃1"的颜色设置为土黄色[RGB（120，100，80）]，如图5-115所示。

（6）单击（转到父对象）按钮，回到上一级面板。然后选中"反射"复选框，单击其右侧按钮，从弹出的"材质／贴图浏览器"对话框中选择"光线跟踪"选项，并设置数值为30，如图5-116所示。接着单击（将材质指定给选定对象）按钮，将材质赋予视图中的长方体。

图5-114　选择"棋盘格"贴图

图5-115　设置"颜色＃1"的颜色

图5-116　设置"反射"贴图

（7）选择透视图，单击工具栏中的（渲染产品）按钮，渲染后效果如图5-117所示。

图5-117　金属倒角文字效果

5.5.3　制作景泰蓝花瓶

要点

　　本例将制作景泰蓝花瓶材质，如图5-118所示。通过本例的学习，读者应掌握"双面"、"混合"材质和"凹凸"贴图的设置方法以及修改贴图坐标的方法。

图5-118　景泰蓝花瓶

操作步骤：

1. 制作花瓶造型

（1）单击菜单栏左侧的快速访问工具栏中的按钮，然后从弹出的下拉菜单中选择"重置"命令，接着在弹出的对话框中单击"确定"按钮，重置场景。

（2）进入（图形）命令面板，单击　线　按钮，在前视图中创建一条曲线，如图5-119所示。

（3）进入（修改）面板，执行修改器下拉列表中的"车削"

图5-119　创建曲线

命令，参数设置及结果如图 5-120 所示。

图5-120　"车削"参数设置及结果

2．赋予花瓶"双面"材质

（1）单击工具栏上的 按钮，进入材质编辑器。然后选择一个空白的材质球，单击 Standard 按钮，在弹出的"材质／贴图浏览器"对话框中选择"双面"材质，如图 5-121 所示，单击"确定"按钮，接着在弹出的"替换材质"对话框中选择"将旧材质保存为子材质？"，如图 5-122 所示，单击"确定"按钮，进入"双面"材质的参数设置面板，如图 5-123 所示。

图5-121　选择"双面"材质

图5-122　"替换材质"
对话框

图5-123　"双面"材质
参数面板

（2）单击"正面材质"右侧按钮，进入正面材质的参数设置，设置参数如图 5-124 所示。接着单击材质编辑器工具栏中的 （转到下一个同级顶）按钮，转到背面材质的参数设置，并设置参数如图 5-125 所示。

图5-124 设置"正面"材质的参数

图5-125 设置"背面"材质的参数

（3）选择花瓶造型，单击材质编辑器工具栏上的![按钮，将材质赋予花瓶造型。然后单击工具栏上的![按钮，渲染后结果如图 5-126 所示。

3．赋予花瓶"混合"材质

花瓶表面是由青瓷、金属龙纹组成的，下面使用"混合"材质来制作这种效果。

（1）单击材质编辑器工具栏中的![（转到下一个同级顶）按钮，重新转到正面材质的参数设置。然后单击"Standard"按钮，从弹出的"材质／贴图浏览器"对话框中选择"混合"材质，如图 5-127 所示，单击"确定"按钮。接着在弹出的图 5-128 所示对话框中保持默认参数，单击"确定"按钮，进入"混合"材质的参数设置面板，如图 5-129 所示。

图5-126 渲染效果

图5-127 选择"混合"材质

图5-128 "替换材质"
对话框

图5-129 "混合"材质
参数设置面板

（2）制作花瓶表面金属材质。方法：单击"材质2"旁的按钮，进入"材质2"的参数设置面板，然后设置颜色如图5-130所示，接着展开"贴图"卷展栏，指定给"反射"一张配套资源中的"maps\云彩.jpg"贴图，如图5-131所示。

图5-130 设置"材质2"的基本参数

图5-131 指定"反射"贴图

（3）制作龙纹效果。方法：单击材质编辑器工具栏中的 （转到父对象）按钮，回到"混合"材质的最顶级，然后单击"遮罩"右侧"None"按钮，从弹出的"材质／贴图浏览器"对话框中选择"位图"，如图5-132单击"确定"按钮。接着在弹出的对话框中选择配套资源中的"maps\f3(1).jpg"贴图，并调整贴图在花瓶上的位置和大小参数，如图5-133所示。

图5-132 选择"位图"

图5-133 指定并调整"遮罩"贴图

（4）单击工具栏上的 按钮，进行渲染，此时会出现图5-134所示的错误，这是因为没有指定正确的贴图轴。下面就来解决这个问题。方法：选择视图中的花瓶造型，执行修改器下拉列表中的"ＵＶＷ贴图"命令，然后取消勾选"真实世界贴图大小"复选框，选择"柱形"单选按钮，并选择"对齐"方式为"Ｘ"，再单击"适配"按钮即可，如图5-135所示。最后单击单击工具栏上的 按钮，进行渲染，结果如图5-136所示。

（5）此时龙纹花瓶没有凹凸感，下面就来解决这个问题。方法：右击"遮罩"右侧按钮，从弹出的快捷菜单中选择"复制"选项，如图5-137所示，然后单击"材质2"右侧按钮，进入"材质2"的参数设置面板。接着展开"贴图"卷展栏，右击"凹凸"右侧按钮，从弹出的快捷菜单中选择"粘贴（实例）"选项，如图5-138所示。

图5-134 渲染效果

图5-135　给花瓶添加"UVW贴图"修改器

图5-136　给花瓶添加"UVW贴图"修改器后的渲染效果

图5-137　选择"复制"命令

图5-138　选择"粘贴（实例）"命令

（6）单击工具栏上的 ![] 按钮，进行再次渲染，结果如图 5-139 所示。此时龙纹花瓶有了凹凸感，但龙纹花纹是凸出来的，而我们需要的是龙纹花纹凹进去，下面就来解决这个问题。方法：将"凹凸"数值由默认的"30"改为"-30"，如图 5-140 所示。此时再次渲染，效果如图 5-141 所示。

图5-139　再次渲染效果

图5-140　将"凹凸"数值设置为"-30"

图5-141　又一次渲染效果

（7）至此，景泰蓝龙纹花瓶制作完毕，下面单击材质编辑器工具栏中的 （材质／贴图导航器）按钮，查看材质分布，如图5-142所示。

图5-142　材质分布

5.5.4　制作冰块效果

要点

本例将制作冰块材质效果，如图5-143所示。学习本例，读者应掌握"衰减"、"烟雾"、"噪波"和"光线跟踪"贴图的综合应用。

图5-143　冰块材质

操作步骤：

1．制作冰块造型

（1）单击菜单栏左侧的快速访问工具栏中的按钮，然后从弹出的下拉菜单中选择"重置"命令，接着在弹出的对话框中单击"确定"按钮，重置场景。

（2）单击 ■（创建）命令面板下 ○（几何体）中的 长方体 按钮，在场景中创建一个长方体，参数设置及结果如图5-144所示。

图5-144 创建长方体

（3）进入 ![icon]（修改）命令面板，执行修改器下拉列表框中的"噪波"命令，参数设置及结果如图 5-145 所示。

图5-145 "噪波"效果

（4）单击工具栏中的 ![icon]（渲染产品）按钮，渲染后的效果如图 5-146 所示。

（5）此时渲染后的冰块造型边缘不圆滑，下面对其进行圆滑处理。方法：选择冰块造型，执行修改器下拉列表框中的"涡轮平滑"命令，结果如图 5-147 所示。

图5-146 渲染效果

图5-147 "涡轮平滑"效果

2．制作并赋予冰块材质

（1）单击工具栏中的 ![icon]（材质编辑器）按钮，进入材质编辑器。然后选择一个空白的材质球，将该材质命名为"冰块"，接着将材质的阴影类型设置为 Oren-Nayar-Blinn，并设置"Oren-Nayar-Blinn"卷展栏的参数，如图 5-148 所示。

图5-148　设置"Oren-Nayar-Blinn"的参数

（2）指定不透明度贴图。方法：展开"贴图"卷展栏，然后指定给"不透明度"右侧的按钮一个"衰减"贴图类型，如图 5-149 所示。接着在"衰减"贴图参数面板中指定一个"烟雾"贴图类型，如图 5-150 所示。

图5-149　指定不透明度贴图

图5-150 设置"衰减"贴图的参数

（3）指定凹凸贴图。方法：指定给"凹凸"右侧的按钮一个"噪波"贴图类型，如图 5-151 所示，然后设置其参数，如图 5-152 所示。

图5-151 指定给"凹凸"右侧的按钮一个"噪波"贴图类型

图5-152 设置"噪波"贴图的参数

（4）指定给"反射"和"折射"右侧的按钮一个"光线跟踪"贴图类型，如图 5-153 所示。然后单击材质编辑器工具栏中的 ![icon]（材质／贴图导航器）按钮，查看材质分布，如图 5-154 所示。

（5）至此整个冰块材质制作完毕。下面在视图中选择冰块造型，然后单击材质编辑器工具栏中的 ![icon]（将材质指定给选定对象）按钮，从而将冰块材质赋予冰块造型。

（6）为了美观，还可以再制作出另外一个冰块。然后单击工具栏中的 ![icon]（渲染产品）按钮，渲染后的效果如图 5-143 所示。

图5-153　指定"反射"和"折射"右侧按钮一个"光线跟踪"贴图　　　图5-154　材质分布

5.5.5　制作动态扫光效果

要点

　　本例将制作一个动态扫光效果，如图 5-155 所示。学习本例，读者应掌握利用"渐变"贴图制作扫光效果的方法。

图5-155　动态扫光效果

操作步骤：

　　（1）单击菜单栏左侧的快速访问工具栏中的 按钮，然后从弹出的下拉菜单中选择"打开"命令，打开配套资源中的"example\ 第 5 章 材质与贴图 \ 5.5.5 动态扫光效果 \ 文字 .Max"文件，如图 5-156 所示。
　　（2）选择视图中的文字模型，然后右击，从弹出的快捷菜单中选择"克隆"命令，接着在弹出的"克隆选项"对话框中进行如图 5-157 所示的设置，从而原地复制一个倒角文字。

图5-156 打开文件

图5-157 选择"复制"单选按钮

（3）录制扫光动画。方法：单击动画控制区中的 自动关键点 按钮，进入动画录制状态。然后在第 0 帧，利用工具栏中的 （选择并挤压）工具，在顶视图中沿 Y 轴拉伸文字，结果如图 5-158 所示。接着将时间滑块移到第 50 帧，将文字沿 Y 轴缩短到与原来文字等大，如图 5-159 所示。最后再次单击 自动关键点 按钮，退出动画录制状态。

图5-158 在第0帧沿Y轴拉长文字

图5-159 在第50帧沿Y轴缩短文字厚度

（4）赋予扫光模型材质。方法：单击工具栏中的 （材质编辑器）按钮，进入材质编辑器。然后选择一个空白的材质球，选择"双面"复选框，设置"环境光"、"漫反射"和"高光反射"的颜色均为白色，设置"自发光"的"颜色"数值框为50，指定给"不透明度"右侧按钮一个"渐变"贴图，其余参数设置如图 5-160 所示。

图5-160 赋予扫光模型材质

（5）将材质赋予场景中的扫光模型，然后渲染，结果如图5-161所示。此时文字会出现重影现象，下面就来解决这个问题。方法：选中产生扫光效果的模型后右击，在弹出的快捷菜单中选择"转换为|转换为可编辑的网格"命令，将其转换为网格物体。接着进入▣（多边形）层级，选中产生重影的多边形，如图5-162所示，按【Delete】键进行删除即可。

（6）再次渲染，结果如图5-163所示。

图5-161　赋予材质效果

图5-162　选中重影的多边形

图5-163　动态扫光效果

5.5.6　制作山水及天空材质效果

　要点

本例要赋予天空及山水不同的材质，结果如图5-164所示。学习本例，读者应掌握"光线跟踪"和"噪波"贴图的综合应用。

（a）原图

（b）结果图

图5-164　山水及天空材质效果

制作流程：

此例包括3个流程：制作天空材质、制作山材质、制作水材质，如图5-165所示。

（a）制作天空对象并赋予其贴图

（b）制作山材质

（c）制作水材质

图5-165　制作流程图

 操作步骤：

1．制作天空材质

方法一：指定给对象天空材质。

（1）单击菜单栏左侧的快速访问工具栏中的■按钮，然后从弹出的下拉菜单中选择"打开"命令，打开配套资源中的"example\第5章　材质与贴图\5.5.6山水及天空材质\山水源文件.Max"文件。

（2）单击■（创建）命令面板下■（几何体）中的　球体　按钮，在顶视图中创建一个球体，命名为"天空"，其参数设置及结果如图5-166所示。

图5-166　创建球体

（3）单击工具箱上的■（材质编辑器）按钮，进入材质编辑器。然后选择一个空白的材质球，将该材质命名为"天空材质"，再单击"漫反射"右侧的按钮，在弹出的"材质／贴图浏览器"对话框中选择"位图"贴图类型，如图5-167所示。接着单击"确定"按钮，在弹出的"选择位图图像文件"对话框中选择配套资源中的"maps\SUNSET90.JPG"文件，如图5-168所示，单击"打开"按钮。

（4）选择视图中的球体，单击材质编辑器工具栏上的■按钮，将天空材质赋给它。为了在视图中显示贴图，选择"双面"复选框，如图5-169所示，并单击材质编辑器工具栏上的■按钮，结果如图5-170所示。

图5-167　选择"位图"材质

图5-168　选择贴图文件

图5-169　选择"双面"复选框

图5-170　在视图中显示材质

（5）此时贴图轴向是不正确的，这是因为3ds Max默认赋给球体一个"平面"贴图轴。下面就来解决这个问题。方法：执行修改器中的"UVW贴图"命令，参数设置及结果如图5-171所示。

（6）下面调整天空的位置。方法：在材质编辑器中选择天空材质，然后设置参数如图5-172所示，结果如图5-173所示。

图5-171　执行"UVW贴图"命令后的参数设置及结果

图5-172　调整参数

图5-173　调整参数后的效果

方法二：利用"环境贴图"来赋给天空材质。

（1）执行菜单中的"渲染|环境"命令，在弹出的"环境和效果"对话框中单击"无"按钮，如图5-174所示。然后在弹出的"材质／贴图浏览器"对话框中选择"位图"贴图类型，单击"确定"按钮。接着在弹出的"选择位图图像文件"对话框中选择配套资源中的"maps\SUNSET90.JPG"文件，单击"打开"按钮。

（2）此时贴图就被指定为背景，如图5-175所示。

图5-174 单击"无"按钮　　　　图5-175 指定背景贴图后的效果

（3）此时，背景贴图的大小及位置是可以调节的。方法：将贴图按钮拖入材质编辑器中的一个空白的材质球上，然后在弹出的"实例（副本）贴图"对话框中选择"实例"单选按钮，如图5-176所示。接着在"坐标"卷展栏中的"偏移"和"瓷砖"中调节贴图的位置和重复次数，此时可在材质球中实时观看改变参数的效果，如图5-177所示。

图5-176 选择"实例"单选按钮　　　图5-177 实时观看改变参数的效果

2．制作山材质

（1）选择一个空白的材质球，将该材质命名为"山材质"，然后单击 Standard 按钮，在弹出的"材质／贴图浏览器"对话框中选择"混合"材质，如图5-178所示。接着单击"确定"按钮，在弹出的"替换材质"对话框中保持如图5-179所示的默认参数，单击"确定"按钮，进入"混合"材质参数面板，如图5-180所示。

图5-178　选择"混合"材质　　　图5-179　"替换材质"对话框　　　图5-180　"混合"材质参数面板

（2）单击 "材质 1"右侧的按钮，进入"材质 1"的参数设置。展开"贴图"卷展栏， 指定给"漫反射"右侧按钮配套资源中的"maps\GRYDIRT2.JPG"贴图，如图 5-181 所示，并设置贴图参数，如图 5-182 所示。此时的"贴图"卷展栏如图 5-183 所示。

图5-181　贴图效果　　　　　图5-182　设置贴图重复次数　　　　图5-183　"贴图"卷展栏

（3）单击 按钮，回到"混合"材质层级。然后单击"材质 2"右侧的按钮，进入"材质 2"的参数设置。接着展开"贴图"卷展栏，指定给"漫反射"右侧按钮配套资源中的"maps\GRASS2.JPG"贴图，如图 5-184 所示，并设置贴图参数，如图 5-185 所示。此时的"贴图"卷展栏，如图 5-186 所示。

图5-184　贴图效果　　　　　图5-185　设置贴图重复次数　　　　图5-186　"贴图"卷展栏

（4）单击 按钮，回到"混合"材质层级。单击"遮罩"右侧的按钮，在弹出的"材质／

贴图浏览器"对话框中选择"噪波"贴图类型，如图5-187所示，然后单击"确定"按钮，进入"噪波"贴图的参数设置。"噪波"的参数设置如图5-188所示。

图5-187　选择"噪波"贴图

图5-188　设置"噪波"参数

（5）此时山材质制作完毕，下面可以单击材质编辑器工具栏中的 按钮查看材质分布，如图5-189所示。此时材质球如图5-190所示。

图5-189　材质分布

图5-190　山材质材质球

（6）选择视图中的山的造型，单击材质编辑器工具栏上的 按钮，将材质赋给它，然后选择 Camera 01 视图，单击工具栏中的 按钮，渲染后的效果如图5-191所示。

图5-191　渲染后的效果

3．制作水材质

（1）选择一个空白的材质球，将该材质命名为"水材质"，再设置"明暗器基本参数"中的类型为 Blinn，设置"Blinn 基本参数"卷展栏的参数，如图 5-192 所示。然后展开"贴图"卷展栏，指定给"反射"和"折射"右侧的按钮一个"光线跟踪"贴图类型，如图 5-193 所示，从而获得水面的反射和折射效果。指定给"凹凸"右侧的按钮一个"噪波"贴图类型，如图 5-194 所示，从而获得水面的起伏效果。

图5-192　设置基本参数　　　图5-193　选择"光线跟踪"贴图　　　图5-194　选择"噪波"贴图

（2）单击"凹凸"右侧的按钮，设置"噪波"贴图参数，如图 5-195 所示。然后单击 按钮，回到上一层级，此时的"贴图"卷展栏如图 5-196 所示，材质球显示如图 5-197 所示。

图5-195　设置"噪波"参数　　　图5-196　"贴图"卷展栏　　　图5-197　水材质

（3）选择视图中的水造型，单击材质编辑器工具栏上的 按钮，将材质赋给它。然后选择 Camera 01 视图，单击工具栏中的 按钮，渲染后的效果如图 5-198 所示。

图5-198 山水及天空材质渲染后的效果

课后练习

1. 填空题

（1）_____材质可以给对象的上部和下部分别赋予不同贴图的材质类型。

（2）_____材质专门用于渲染卡通漫画效果，利用它可以在 3ds Max 中直接输出卡通动画。

2. 选择题

（1）单击键盘上的_____键可以进入材质编辑器面板。

A.【C】 B.【M】 C.【N】 D.【F1】

（2）单击材质编辑器工具栏中的_____按钮，可以在视图中显示贴图。

A. B. C. D.

3. 问答题 / 上机题

（1）简述"多维 / 子对象"材质的各参数的含义。

（2）练习1：制作图 5-199 所示的冰雪融化的山脉效果。

（3）练习2：制作图 5-200 所示的彩色花瓶效果。

图5-199 练习1效果

图5-200 练习2效果

第6章

灯光、摄影机、渲染与环境

在三维动画设计中，要完成一个真实和丰富多彩的场景，仅仅靠建模和赋予模型材质是远远不够的，还需要灯光、摄像机、环境和渲染的综合应用。通过本章学习应掌握以下内容：

- 灯光的种类和使用方法。
- 摄像机的使用方法。
- 利用环境对话框制作火、体积光、体积雾和雾的方法。
- 渲染器的种类和应用。

6.1 灯　　光

本节我们将对光的概念和 3ds Max 2016 中灯光的种类和参数设置做一个具体讲解。

6.1.1　光的概述

灯光在创建三维场景中是非常重要的，它的主要作用是模拟太阳、照明灯和环境等光源，从而营造出环境氛围。灯光的颜色对环境影响很大，明亮、色彩鲜艳的灯光有一种喜庆的气氛，而冷色调、幽暗的灯光则给人带来阴森、恐怖的感觉。另外，灯光的照射角度也能够从侧面影响人的感觉，它可以烘托和影响整个场景的色彩和亮度，使场景更具真实感。

6.1.2　灯光的种类

单击 ■（创建）命令面板中的 ◤（灯光）按钮，即可打开灯光命令面板。在 3ds Max 2016 灯光面板的下拉列表中，有"标准"和"光度学"两种灯光类型，如图 6-1 所示。

- "标准"灯光类型有 8 种，它们分别为："目标聚光灯"、"自由聚光灯"、"目标平行光"、"自由平行光"、"泛光"、"天光"、"mr Area Omni（mr 区域泛光灯）"和"mr Area Spot（mr 区域聚光灯）"，如图 6-2 所示。
- "光度学"灯光类型有 3 种，它们分别为："目标灯光"、"自由灯光"和"mr 天空入口"，如图 6-3 所示。

1. "标准"灯光

"标准"灯光包括的灯光类型解释如下：

- "目标聚光灯"："目标聚光灯"是 3ds Max 2016 环境中的基本照明工具。它产生的是一个锥形的照射区域，可影响光束内被照射的物体，从而产生一种逼真的投影效果。它包括两个部分：投射点和目标点。投射点就是场景中的圆锥形区域，而目标点则是场景中的小立方体图形。用户可以通过调整这两个图形的位置来改变物体的投影状态，从而产生不同方向的效果。聚光灯有"矩形"和"圆"两种投影区域。"矩形"特别适合制作电影投影图像、窗户投影等。"圆"适合制作路灯、车灯、台灯等灯光的照射效果。

图6-1 "灯光"命令面板

图6-2 标准灯光

图6-3 光度学

- "自由聚光灯"：它是一个圆锥形图标，可产生锥形照射区域。它实际上是一种受限制的目标聚光灯，也就是说它是一种无法通过改变目标点和投影点的方法来改变投射范围的目标聚光灯，但可以通过主工具栏中的旋转工具来改变其投影方向。

- "目标平行光"：它可产生一个圆柱状的平行照射区域，其他的功能与目标聚光灯基本类似。目标平行光主要用于模拟日光、探照灯、激光光束等光线效果。

- "自由平行光"：它是一种与自由聚光灯相似的平行光束，它的照射范围是柱形的。

- "泛光"：它是三维场景中应用最广泛的一种光源。它是一种可以向四面八方均匀照射的光源。它的照射范围可以任意调整，在场景中表现为一个正八面体的图标。标准泛光灯常用来照亮整个场景。

- "天光"：可以对场景中天空的颜色和亮度进行设置，此外还可以进行贴图的设置，它不能控制发光范围。

- "mr Area Omni（mr区域泛光灯）"和"mr Area Spot（mr区域聚光灯）"：它们是用于mental ray的泛光灯和聚光灯。

2．"光度学"灯光

"光度学"灯光用于创建荧光灯管、霓虹灯或是天空照明的效果。

"光度学"灯光中的"目标灯光"与"自由灯光"的区别在于是否有目标点。设置目标点的意义在于可设置追光功能，将目标点与物体连接起来，这样随着物体的运动，就可改变灯光照射位置和方向。"mr天空入口"灯光为天空入口对象提供了一种"聚集"内部场景中的现有天空照明的有效方法，使用"mr天空入口"灯光无须高度聚集或全局照明设置（这会使渲染时间过长）。实际上，门户就是一个区域灯光，从环境中导出其亮度和颜色。

6.1.3 灯光的卷展栏参数

"常规参数"、"强度／颜色／衰减"、"聚光灯参数"、"高级效果"、"阴影参数"和"大气和效果"6个卷展栏是每种灯光修改面板中的共有卷展栏。下面以目标聚光灯为例，具体讲解这些卷展栏的参数含义。

1. "常规参数"卷展栏

"常规参数"卷展栏参数面板如图 6-4 所示。"常规参数"卷展栏的参数解释如下：

1）"灯光类型"选项组

- 启用：用来控制是否启用灯光系统。灯光只有在着色和渲染时才能看出效果。当关闭"启用"选项时，渲染将不显示出灯光的效果。"启用"复选框的右侧为灯光类型的下拉列表，用于转换灯光的类型。其中有"聚光灯"、"平行光"和"泛光"3 种灯光类型可供选择，如图 6-5 所示。

图6-4　"常规参数"卷展栏

图6-5　可选择灯光类型

- 目标：用来控制灯光是否被目标化。选中后灯光和目标之间的距离将在目标项的右侧被显示出来。对于自由灯光，可以直接设置这个距离值，对于有目标对象的灯光类型，可通过移动灯光的位置和目标点来改变这个距离值。

2）"阴影"选项组

- 启用：可用来定义当前选择的灯光是否要投射阴影和选择所投射阴影的种类。
- 使用全局设置：选中后，将实现灯光阴影功能的全局化控制。
- "阴影贴图"下拉列表：有"高级光线跟踪"、"mental ray 阴影贴图"、"区域阴影"、"阴影贴图"和"光线跟踪阴影"5 种阴影类型可供选择，如图 6-6 所示。
- 排除：单击"排除"按钮，将弹出灯光的"排除／包含"对话框，如图 6-7 所示。可通过"排除／包含"对话框来控制创建的灯光对场景中的哪些对象起作用。关于"排除／包含"对话框的各项参数解释如下：

图6-6　可选择阴影类型

图6-7　"排除/包含"对话框

➤ 场景对象："场景对象"栏及下面的列表栏列出了场景中所有是否受灯光影响的对象名称。单击 >> 按钮，能把左边列表栏所选择的对象转移到右边的列表栏中；单击 << 按钮，能把右边列表栏中所选择的对象移回左边的列表栏中。

➤ 排除／包含："排除／包含"两个单选按钮可用来决定对象是否排除／包含灯光的影响，它们只对右边列表栏中被选择的对象起作用。单击"照明"和"排除"两个单选框，右侧列表框中的球体表面将不受任何光线影响，显示为黑色，但显示投射阴影，如图 6-8 所示。单击"投射阴影"和"排除"两个单选按钮，右侧列表框中的球体在灯光启用阴影的情况下将没有阴影效果，如图 6-9 所示。单击"二者兼有"和"排除"两个单选框，表示既不显示球体也不显示阴影，如图 6-10 所示。单击"清除"按钮将快速清除右边列表栏中所有对象。

图6-8 单击"照明"和"排除"两个单选框及渲染后的效果

图6-9 单击"投射阴影"和"排除"两个单选框及渲染后的效果

➤ 显示子树／区分大小写："显示子树"和"区分大小写"复选框用于控制左侧列表框中的对象是以"显示子树"方式还是"区分大小写"方式进行显示。

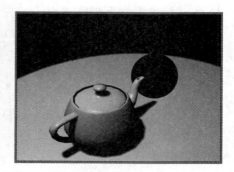

图6-10　单击"排除"和"二者兼有"单选框及渲染后的效果

2．"强度／颜色／衰减"卷展栏

灯光是随距离的增加而减弱的，"强度／颜色／衰减"卷展栏主要设置灯光的强度、颜色和衰减效果，控制灯光的特性，它的参数面板如图 6-11 所示。

"强度／颜色／衰减"卷展栏的参数解释如下：

（1）倍增："倍增"数值框中的数值为灯光的亮度倍率，数值越大光线越强，反之越小，系统默认的灯光亮度为 1.0。单击"倍增"数值框后面的色块，可设置灯光的颜色。

（2）"衰退"选项组：

图6-11　"强度/颜色/衰减"卷展栏

- 类型："类型"下拉列表中包括"无"、"倒数"和"平方反比" 3 个选项。三者的差异之处在于其计算衰减的程序不同。具体表现为按照顺序，3 种衰减程度逐渐加强。
- 开始：指的是衰减的近远值，值越大，灯光强度越强。
- 显示：选中后，在视图中将会显示光源的衰减范围，其效果对比如图 6-12 所示。

(a) 未选中"显示"复选框　　　　　　　　(b) 选中"显示"复选框

图6-12　选中"显示"复选框的前后比较

（3）"近距衰减"选项组：

"近距衰减"选项组用于设定系统光源衰减的最小距离，如果对象与光源的距离小于这个值，那么光源是照不到它的。

- 开始／结束："开始"和"结束"两个数值框的数值用于控制光源衰减的范围。
- 使用：选中后，衰减参数才能起作用。
- 显示：选中后，衰减的开始和结束范围将会用线框在视图中显示，便于观察，其效果对比如图6-13所示。

图6-13 选中"显示"复选框的前后比较

（4）"远距衰减"选项组：

"远距衰减"选项组用于设定光源衰减的最大距离，如果物体在这个距离之外，光线也不会照射到这个物体上。

在视图中创建一个简单场景，我们即可观察灯光衰减的效果，其效果对比如图6-14所示。

(a) 使用"衰减"   (b) 不使用"衰减"

图6-14 使用"衰减"和不使用"衰减"的对比

3. "聚光灯参数"卷展栏

"聚光灯参数"卷展栏主要是调整灯光的光源区域与衰减区的大小比例关系以及光源区的形状，它的参数面板如图6-15所示。

"聚光灯参数"卷展栏的参数解释如下：

"光锥"选项组用于设定聚光效果形成的光柱的相关选项。

- 显示光锥：选中后，系统用线框将光源的照射作用范围在场景中显示出来。

图6-15 "聚光灯参数"卷展栏

- 泛光化：选中后，光线将向四面八方散射。
- 聚光区／光束："聚光区／光束"数值框用于设定光源中央亮点区域的投射范围。
- 衰减区／区域："衰减区／区域"数值框用于设定光源衰减区的投射区域的大小。很显然衰减区应该包含聚光区。
- 圆／矩形："圆"和"矩形"分别代表光照区域为圆形或矩形。
- 纵横比：用于设置矩形光源的长宽比，不同的比值决定光照范围的大小和形状。
- 位图拟合：用于将光源的长宽比作为所选图片的长宽比。

4．"高级效果"卷展栏

"高级效果"卷展栏用于设定灯光照射物体表面，它的参数面板如图 6-16 所示。

图6-16　"高级效果"参数卷展栏

"高级效果"卷展栏的参数解释如下：

（1）"影响曲面"选项组：

- 对比度：用于设定当光源照射物体边缘时，受光面和阴暗面所形成的对比值的强度。
- 柔化漫反射边：用于设定表现灯光照射到物体上的柔和程度。
- 漫反射／高光反射／仅环境光：用于将物体表面分为不同部分进行柔和处理。

（2）"投影贴图"选项组：

贴图：选中后，可将贴图以影像投影的方式投影出来，单击右边的 ▇▇无▇▇ 按钮可指定投射贴图文件。图 6-17 所示为灯光直接投射的效果，图 6-18 所示为指定了一张投影贴图后渲染出来的效果。

图6-17　灯光的照射

图6-18　灯光投射贴图

5．"阴影参数"卷展栏

"阴影参数"卷展栏可对具体的阴影效果进行设置，也可对阴影方式进行选择，它的参数面板如图 6-19 所示。

图6-19　"阴影参数"卷展栏

"阴影参数"卷展栏解释如下：

（1）"对象阴影"选项组：

- 颜色：单击"对象阴影"选项组中的"颜色"块，可对阴影进行颜色的调节。
- 密度："密度"数值框中的数值代表阴影的浓度。数值越大阴影浓度越大，图 6-20 所示为不同"密度"值的比较。

- 贴图：选中"贴图"复选框后，单击右面的 ▇▇▇无▇▇▇ 按钮，可选择阴影的贴图，即用一幅位图来代替单纯的颜色。
- 灯光影响阴影颜色：选中后，阴影的颜色会与灯光的颜色进行计算得到一个综合颜色。

(a)"密度"值为0.8　　　　　　　　　　　　(b)"密度"值为3

图6-20　不同"密度"值的比较

（2）"大气阴影"选项组："大气阴影"选项组可使大气效果产生阴影。

- 启用：选中后，大气的效果发生作用。
- 不透明度：用于设置阴影的透明程度。
- 颜色量：用于设置阴影颜色与大气颜色的混合程度。

6.　"大气和效果"卷展栏

"大气和效果"卷展栏用于设置添加和修改，它的参数面板如图6-21所示。"大气和效果"卷展栏的参数解释如下：

- 添加：单击"添加"按钮，在弹出的图6-22所示的对话框中可添加相应的效果。

图6-21　"大气和效果"卷展栏　　　　　图6-22　"添加大气或效果"对话框

- 删除：单击"删除"按钮，可以删除选中的效果。
- 设置：单击"设置"按钮可对添加的效果进行相应的参数设置。

6.2　摄　影　机

本节我们将对 3ds Max 2016 中的摄影机做一个具体讲解。

6.2.1 摄影机概述

在基本的场景、物体、灯光建立完成后，还要在场景中加入摄影机。三维场景中的摄影机与在真实场景中使用摄影机拍摄效果基本上是一致的。

三维动画的场景中摄影机捕捉的信息分为静态和动态两种。静态镜头是在场景中布置好摄影机后，摄影机的位置不变，而且也不作任何参数改变，这样就会得到一个静态镜头。它的特点是在场景中的物体看得很清楚，受场景物体的影响很大，因此，静态镜头特别讲究制作细节。动态镜头是在场景中布置好摄影机后，摄影机的位置可随场景物体的移动而作相应的移动和参数改变，或摄影机的位置不随场景中物体的移动而移动，而是在不移动的条件下拍摄场景中正在移动或不动的物体。3ds Max 2016提供了目标摄影机和自由摄影机两种摄影机的类型。

6.2.2 创建目标和自由摄影机

创建摄像机有两种方法：

（1）执行菜单中的"创建|摄影机"命令，在弹出的子菜单中选择相应的命令来创建摄影机，如图6-23所示。

（2）在命令面板中单击 ![创建] （创建）下的 ![摄影机] （摄影机）按钮，然后通过单击"目标"或"自由"按钮来创建相应的摄影机，如图6-24所示。

图6-23　摄影机子菜单

图6-24　摄影机创建面板

目标摄影机有一个目标点和一个视点。一般把摄影机所处的位置称为视点，把目标所处的位置称为目标点。可以通过调整目标点或者视点来调整观察方向，也可以在目标点和视点选择后同时调整它们。目标摄影机多用于观察目标点附近的场景对象，比较容易定位，确切地说，就是将目标点移动到需要的位置上。制作动画时，摄影机物体及其目标点都可以设置动画，即将它们连接到一个虚拟物体上，通过虚拟物体进行动画设置，从而完成摄影机的动画。在视图中创建的目标摄影机如图6-25所示。

> 💡 **提示**
>
> 单击目标摄影机目标点和摄影点之间的连线，可以同时选择摄影机的目标点和摄影点。

图6-25 创建目标摄影机

自由摄影机多用于观察所指方向内的场景内容，可以应用其制作轨迹动画，例如，在室内外场景中的巡游。也可以使用自由摄影机应用于垂直向上或向下的摄影机动画，从而制作出升／降镜头的效果。在视图中创建的自由摄影机只有摄影点而没有目标点，如图 6-26 所示。

图6-26 创建自由摄影机

下面通过一个实例来讲解摄影机参数面板中常用参数的功能，具体过程如下：

（1）打开配套资源"素材及结果＼自由摄影机 .Max"文件。

（2）在命令面板中单击 ■（创建）下的 ■（摄影机）按钮，可显示出摄影机命令面板，然后单击"自由"按钮后在前视图中创建自由摄影机，如图 6-27 所示。

图6-27　创建自由摄影机

（3）选择透视图，然后按键盘上的【C】键，从而将透视图切换为 Camera01 视图。接着利用工具栏中的工具旋转摄影机目标点，如图 6-28 所示。

（4）进入（修改）面板，即可看到相应的调整摄影机的参数，如图 6-29 所示。

图6-28　切换Camera 01视图并调整自由摄影机角度

图6-29　参数面板

常用参数及其功能如下：

- 镜头：用于改变摄影机的镜头大小，单位是 mm（毫米）。随着镜头数值的增大，摄影机视图的物体变大，通过摄影机所能看到的范围变窄。

- 视野：用于设置摄影机的视野范围，单位是"度"。默认值相当于人眼的视野值，当修改其数值时，镜头的数值也将随之改变。它左边弹出的按钮有▇（水平）、▇（垂直）或▇（对角线）3 种视野范围可供选择。

- 正交投影：选中后，摄影机会以正面投影的角度面对物体进行拍摄。这样将消除场景中后面对象的任何透视变形，并显示场景中所有对象的真正尺寸。

- "备用镜头"选项组：是系统预设的镜头，镜头包括 15 mm、20 mm、24 mm、28 mm、35 mm、50 mm、85 mm、135 mm 和 200 mm 9 种。"镜头"和"视野"数值框将根据所选择的备用镜头自动更新。

- 类型：右边的下拉列表框可以来回切换目标摄影机和自由摄影机。

- 显示圆锥体：选中后，系统会将摄影机所能够拍摄的锥形视野范围在视图中显示出来。

- 显示地平线：选中后，系统会将场景中水平线显示于屏幕上。

- "环境范围"选项组：用于设置远近范围值。

➢ 显示：选中后在视图中将显示摄影机圆锥体内的黄色矩形。

➢ 近距范围：用于设置取景作用的最近范围。

➢ 远距范围：用于设置取景作用的最远范围。

- "剪切平面"选项组：用于设置摄影机视图中对象的渲染范围，在范围外的任何物体都不被渲染。

➢ 手动剪切：选中后，可以以手动的方式来设定摄影机的切片功能。

➢ 近距剪切：用于设定摄影机切片作用的最近范围，物体在范围内的部分不会显示于摄影机场景中。

➢ 远距剪：用于设定摄影机切片作用的最远范围，物体在范围外的部分不会显示于摄影机场景中。

- "多过程效果"选项组：用于设定摄影机的深度或模糊效果。

➢ 启用：选中后，将启动景深模糊效果，其右侧的"预览"视野按钮也会变成启用的；如不选中，景深效果只有在渲染时才有效。

➢ 预览：单击"预览"按钮后，景深效果将在视图中显示出来。

➢ "多次效果"的下拉列表：在"多次效果"的下拉列表中有"景深 metal ray"、"景深"和"运动模糊"3 种效果类型可供选择。在选择不同效果类型时会出现不同的参数卷展栏。

➢ 渲染每过程效果：选中后，场景的景深效果会被最终渲染出来。

➢ 目标距离：用于控制摄影机目标与摄影点之间的距离。

6.2.3　摄影机视图按钮

在使用 3ds Max 2016 时，需要经常放大显示场景中某些特殊部分，以便进行细致调整。此时可以通过 3ds Max 2016 右下角视图区中的摄影机视图按钮来完成这些操作，如图 6-30 所示。

图6-30　摄影机视图调整工具

视图区中各摄影机视图按钮的具体解释如下：

■（推拉摄影机）：前后移动摄影机来调整拍摄范围。

■（推拉目标）：前后移动目标进行拍摄范围的调整。

■（推拉摄影机＋目标）：同时移动目标物体以及摄影机来改变拍摄范围。

■（透视）：移动摄影机的同时保持视野不变，改变拍摄范围，用于突出场景主角。

■（侧滚摄影机）：转动摄影机，产生水平的倾斜。

■（所有视图最大化显示选定对象）：在所有视图中最大化显示选定的对象。

■（所有视图最大化显示）：在所有视图中最大化显示所有的对象。

■（视野）：改变摄影机的视野范围，它不会改变摄影机和摄影机目标点的位置。

■（环游摄影机）：固定摄影机的目标点，保持目标物体不变，转动摄影机来调整拍摄范围。

■（摇移摄影机）：固定摄影机的视点，使摄影机目标点围绕摄影机视点旋转。

■（最大化视口切换）：最大化或最小化单一的显示视图。

6.2.4　摄影机的景深特效

首先来观察图 6-31 所示的左右两张图片的区别。对比两张渲染后的摄影机视图，可以发现其中的区别。左边的图片没有使用景深特效，视图中所有的对象都显得非常清楚。右边的图片使用了景深特效后，只有第 1 个长方体看得很清楚，后面的越来越模糊。景深特效的原理是运用了多通道渲染效果生成的。在渲染时就可以看到，对同一帧，进行多次渲染，每次渲染都有细小的差别，最终合成一幅图像。

图6-31　有无景深效果的比较

"景深参数"卷展栏用于调整摄影机镜头的景深与多次效果的设置，"景深参数"卷展栏如图 6-32 所示。

"景深参数"卷展栏的参数解释如下：

（1）"焦点深度"选项组：用于设置焦点的深度距离。

- 使用目标距离：选中后，可以通过改变这个距离来使目标点靠近或远离摄影机。当使用景深时，这个距离非常有用。在目标摄影机中，可以通过移动目标点来调整距离，但在自由摄影机中只有改变这个参数才能改变目标距离。

- 焦点深度：用于控制摄影机焦点远近的位置。当"使用目标距离"复选框被选中后，就使用摄影机的"使用目标距离"参数。如果没被选中，那么可以手工在"焦点深度"数值框内输入距离。

图6-32　"景深参数"卷展栏

（2）"采样"选项组：用于渲染景深特效的抽样观察。

- 显示过程：选中后，系统渲染将能看到景深特效的叠加生产过程。
- 使用初始位置：选中后，渲染将在原位置上进行。
- 过程总数：数值越大，特效越精确，渲染耗时越大。
- 采样半径：决定模糊的程度。
- 采样偏移：决定靠近或远离"采样半径"的权重。增加该值，将增加景深模糊的数量级，提供更匀称的效果。减小该值，将减小景深模糊的数量级，提供更随机的效果。取值范围为 0.0 ~ 1.0。

（3）"过程混合"选项组：用于控制系统模糊抖动的参数。

- 规格化权重：选中后，系统会给一个标准的平滑作业结果。
- 抖动强度：控制抖动模糊的强度值。
- 平铺大小：用于设定抖动的百分比，最大值为 100%，最小值为 0。

（4）"扫描线渲染器参数"选项组：用于设置渲染时是否过滤和抗锯齿。

- 禁用过滤：选中后，系统渲染将不使用滤镜效果。
- 禁用抗锯齿：选中后，系统渲染将不使用保真效果。

6.3 渲 染

渲染是指以各种不同的层次细节察看构成场景的对象。3ds Max 2016 可以使用几种不同的渲染引擎，也可以使用外部插件渲染器或者专用的渲染工具等。

进入图 6-33 所示的"渲染设置"对话框的方法有两种：一种是执行菜单中的"渲染|渲染设置"命令；另一种是单击工具栏中的 （渲染设置）按钮。

在"渲染设置"对话框中包含很多的参数和选项，这里只对其中一些比较常用的设置进行介绍。

6.3.1 设置动画渲染

在平时进行一般的渲染时只是对单帧进行渲染，并不能生成动画。如果要进行场景动画的渲染，就要选中"时间输出"选项组中的"活动时间段"，或者"范围"单选按钮。

- 单帧：选择该项后可以输出当前帧。
- 活动时间段：这个复选框支能够对 0 ~ 100 帧进行渲染，也就是 3ds Max 2016 默认的帧数。
- 范围：在这里可以任意设置要进行渲染的帧数，可以是 0 ~ 100，也可以是 50 ~ 100 或者 0 ~ 300，前提是制作的动画必须有那么多的帧数。
- 帧：选择该项后可以在右侧输入要输出的相应帧。

图6-33 "渲染设置"对话框

- "输出大小"选项组可以任意改变所渲染的单帧或者动画的分辨率，可以从它给出的选择范围选择，也可以根据用户的不同需要自定义渲染分辨率。
- "选项"选项组中有很多的复选框，这些复选框控制着在渲染时可以对哪些效果或者对象进行渲染，或者不可以对哪些效果或者对象进行渲染。
- "高级照明"选项组是控制场景中的照明在渲染时是否发生作用。
- "渲染输出"选项组比较重要，在进行渲染动画的时候，要在这里设置动画的输出路径，否则当动画渲染完成后不能生成动画格式文件。单击"文件"按钮会弹出"渲染输出文件"对话框，如图6-34所示。打开保存类型下拉列表，就能选择所要渲染动画的文件格式。

图6-34 "渲染输出文件"对话框

6.3.2 选择渲染器类型

打开"指定渲染器"卷展栏，在这里可以改变渲染器的类型或者调用渲染器插件，比如现在比较流行的巴西渲染器。单击图6-35所示按钮，会弹出"选择渲染器"对话框，如图6-36所示，在这里就可以对渲染器进行指定。

- NVIDIA iray渲染器：NVIDIA iray渲染器是一种高度互动而直观的物理效果渲染技术，可通过模拟光线与材质的物理学行为来生成照片般逼真的影像。不同于传统的制作渲染器，iray可产生反映现实世界行为的结果。
- NVIDIA mental ray渲染器：NVIDIA mental ray渲染器为3ds Max 2016自带的渲染器，它是由mental image开发的一款功能强大的渲染器，是基于真实物理原理来模拟灯光的照明效果，包括光线的折射、反射及衍射等效果，另外还包括全局光技术。
- Quicksilver硬件渲染器：Quicksilver硬件渲染器是使用图形硬件来生成渲染。该渲染器可以进行快速渲染，并可以通过提高质量来获得更润色的效果。
- VUE文件渲染器：顾名思义就是针对VUE文件进行渲染输出的渲染器。

图6-35 "指定渲染器"卷展栏

图6-36 "选择渲染器"对话框

6.4 环 境

本节我们将对环境大气的概念和特效做一个具体讲解。

6.4.1 环境大气的概念

真实世界中的所有对象都被某种特定的环境所围绕。环境对场景氛围的设置起到了很大的作用。例如，冬天大雪后的小镇与夏天大雨后的小镇的环境有很大的不同，在制作这样的场景时要应用不同的环境效果。3ds Max 2016包含了颜色设置、背景图像和光照环境的对话框，这些特性有助于定义场景。

3ds Max 2016的大气效果包括火效果、雾、体积雾和体积光。这些效果只有在进行渲染后才可以看到。

6.4.2 设置环境颜色和背景

本小节我们将对在3ds Max 2016中设置环境颜色和背景作一个具体讲解。

1. 背景颜色设置

在渲染时，默认背景色为黑色，但有时渲染主体为深色时，就需要适当更改背景色。更改背景色的具体过程如下：

（1）打开配套资源中的"素材及结果 \ 烟灰缸 .Max"文件，然后单击工具栏中的 （渲染产品）按钮进行渲染，结果如图 6-37 所示。

（2）更改背景颜色。方法：执行菜单中的"渲染|环境"命令，在弹出的对话框中单击"颜色"下面的颜色块，然后在弹出的"颜色选择器"对话框中将颜色设为白色，如图 6-38 所示。

（3）再次单击工具栏中的 （渲染产品）按钮进行渲染，结果如图 6-39 所示。

图6-37 默认渲染效果

图6-38　将背景颜色改为白色

图6-39　渲染效果

2. 背景图像设置

我们除了可以根据需要来更改背景颜色外，还可以添加背景图像来进一步烘托效果。添加背景图像的具体过程如下：

（1）打开配套资源中的"素材及结果 \ 烟灰缸 .Max"文件。

（2）执行菜单中的"渲染|环境"命令，在弹出的对话框中单击"无"按钮，然后在弹出的"材质／贴图浏览器"对话框中选择"位图"，如图 6-40 所示，单击"确定"按钮。

图6-40　选择"位图"

（3）在弹出的"选择位图图像文件"对话框中选择配套资源中的"maps\BOTTICIN.jpg"图片，如图 6-41 所示，单击"打开"按钮。

（4）单击工具栏中的（渲染产品）按钮进行渲染，结果如图 6-42 所示。

图6-41 选择位图图片

图6-42 渲染后效果

6.4.3 火效果

使用火效果可以生成火焰、烟以及爆炸效果等，如火炬、火球和云团类的效果。制作火效果需要"Gizmo"来限定火的范围。"Gizmo"可在 （创建）面板下 （辅助对象）次面板下拉框"大气装置"中创建，它有3种方式供选择：长方体Gizmo、球体Gizmo和圆柱体Gizmo，如图6-43所示。通过移动、旋转和缩放可对已创建的Gizmo进行修改，但不能使用修改器命令。"火效果参数"面板如图6-44所示。

> **提示**
>
> 火效果不支持透明物体，若要表现物体被烧尽的效果应该用可见性的物体。

图6-43 大气装置面板

图6-44 "火效果参数"面板

当单击"拾取Gizmo"按钮后可拾取视图中的Gizmo作为火效果。

"火效果参数"卷展栏的参数解释如下：

（1）"Gizmo"选项组：用于选取和删除作为火焰的 Gizmo。

（2）"颜色"选项组：用于设置火焰的颜色。火焰的组成颜色有 3 种：内部颜色、外部颜色和烟雾颜色。

（3）"图形"选项组：用于设置火焰的形状，火焰的总体形状是由加载的对象决定的，这里指的形状是火焰的形状。火焰有"火舌"和"火球"两种类型。这两种类型是由"拉伸"和"规则性"的数值来控制。

（4）"特性"选项组：用于设置火焰的具体特性。

- 火焰大小：用于控制火焰的大小，值越大火焰越大。
- 密度：用于设置火焰的颜色浓度。
- 火焰细节：用于设置火焰的细节描述程度，数值越大，运算量越大。
- 采样：用于设置火焰的模糊度，数值越大，渲染时间越长。

（5）"动态"选项组：

- 相位：用于设置不同类型的火焰。
- 漂移：数值越大，火焰的跳动越强烈。

（6）"爆炸"选项组：

- 爆炸：选中后，单击"设置爆炸"按钮，在弹出的对话框中可设置爆炸的开始时间和结束时间。
- 烟雾：选中后，爆炸发生的同时会产生浓烟。
- 剧烈度：用于控制爆炸的激烈程度。

下面就通过一个实例，来具体介绍一下"火效果"的使用方法，具体过程如下：

（1）打开配套资源中的"素材及结果＼火把.Max"文件，如图 6-45 所示。

（2）在火把头的位置创建大气装置中的"球体Gizmo"，如图 6-46 所示。

（3）在"球体 Gizmo 参数"卷展栏中选中"半球"前的复选框，将球体 Gizmo 变为半球 Gizmo，然后使用 （选择并非均匀缩放）工具对其进行拉伸，结果如图 6-47 所示。

图6-45 火把模型

图6-46 创建"球体Gizmo"

图6-47 变形"球体Gizmo"

（4）执行菜单中的"渲染｜环境"命令，进入"环境和效果"面板。

（5）单击"大气"卷展栏中的"添加"按钮，在弹出的对话框中选择"火效果"，如图 6-48 所示，然后单击"确定"按钮。

（6）这时就会出现"火效果参数"卷展栏。单击"拾取 Gizmo"按钮，到场景中拾取"圆柱体 Gizmo"，然后渲染场景，结果如图 6-49 所示。

图6-48　选择"火效果"

图6-49　渲染结果

6.4.4　雾效果

"雾"用于制造一种在视图中物体可见度随位置而改变的大气效果，像现实生活中的雾一样，它的位置一般以渲染的视图作为参照。"雾参数"卷展栏如图 6-50 所示。

"雾参数"卷展栏的参数解释如下：

（1）"雾"选项组：用于设置雾的环境。

- 颜色：用于设置雾的颜色。
- 环境颜色贴图：用贴图来控制雾的颜色，取消勾选"使用贴图"复选框，渲染时将不会有贴图颜色。
- 环境不透明度贴图：用贴图来控制雾的透明度，取消勾选"使用贴图"复选框，渲染时将不会有贴图颜色。
- 雾化背景：用于控制背景的雾化。
- 类型：分为"标准"和"分层"两种。"标准"指雾的浓度随远近的变化而变化；"分层"指雾的浓度随视图的纵向变化。

（2）"标准"选项组：只有在选择"标准"类型时才可用。

- 指数：用于控制雾的浓度随距离的变化符合现实中的指数规律。

图6-50　"雾参数"卷展栏

- 近端%/远端%：用于控制在摄像机的近端和远端位置上雾的浓度的百分数，在这两者之间系统会自动产生过渡。

图6-51所示为使用"标准"雾前后的比较。

(a) 未使用"标准"雾　　　　　　　　　　　　　(b) 使用"标准"雾

图6-51　使用"标准"雾前后的比较

（3）"分层"选项组：只有在选择"分层"类型时才可用。

- 顶：用于设定雾的顶端到地平线的值，也就是雾的上限。
- 底：用于设定雾的底端到地平线的值，也就是雾的下限。
- 密度：用于控制雾的整体浓度。
- 衰减：有"顶"、"底"和"无"3种，将添加一个额外的垂直地平线的浓度衰减，在顶层或底层雾的浓度将为0。
- "地平噪波"复选框指的是为雾添加噪波，可在雾的地平线上增加一些噪波以增加真实感。
- "角度"用于控制效果偏离地平线的角度。
- "大小"用于控制噪波的尺寸，值越大雾的卷须越长。
- "相位"数值框数值可制作雾气腾腾的效果。

图6-52所示为使用"分层"雾的效果。

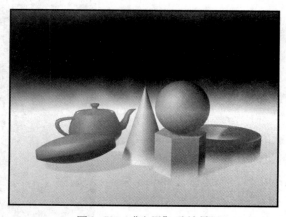

图6-52　"分层"雾效果

6.4.5 体积雾

"体积雾"是一种拥有一定作用范围的雾，它和火焰一样需要一个Gizmo。体积雾的参数卷展栏如图6-53所示。

"体积雾参数"卷展栏的参数解释如下：

（1）"Gizmos"选项组：

- 拾取Gizmo：单击该按钮后拾取一种类型的Gizmo，即可产生"体积雾"效果。如果不选择任何Gizmo，那么体积雾将会弥漫整个场景。

- 柔化Gizmo边缘：用于控制加载物体的边缘模糊，这样体现在体积雾的效果上会使得雾的边缘更加柔和，产生更为朦胧的感觉。

（2）"体积"选项组：用于设定体积雾的特性。

- 颜色：用于控制体积雾的颜色。

- 指数：能使雾的浓度随距离的变化符合现实中的指数规律。

图6-53 "体积雾参数"面板

- 密度：用于定义体积雾的整体浓度。

- 步长大小：用于控制体积雾的粒度，值越大体积雾则显得越粗糙。

- 最大步数：用于限定取样的数量。

- 雾化背景：选中后使背景雾化。

（3）"噪波"选项组

- 噪波有规则、分形和湍流3种类型。

- 反转：用于将噪波浓度大的地方变成浓度小的，浓度小的地方变成浓度大的。

- "噪波阈值"中的"高"：用于设定阈值的上限。

- "噪波阈值"中的"低"：用于控制阈值的下限；两者的值均在0至1之间，它们的差越大，雾的过渡越柔。

- 均匀性：用于控制雾的均匀性，取值范围为-1～1。值越小，越容易形成分离的雾块，雾块间的透明也越大。

- 级别：只有选择分形或湍流时才有效，用于调整噪波的程度。

- 大小：用于调整体积雾的大小。

- 相位：用于调节动画时控制体积雾的相位。

- 风力强度：用于控制烟雾的速度。

- 风力来源：可在下面选择风的方向。风力来源的方向有6种，分别是：前、后、左、右、顶、底。

图6-54所示为应用前边火把的场景，为火焰添加体积雾效果。图6-55所示为使用体积雾表现的山峰云雾环绕的效果。

图6-54　烟雾效果

图6-55　云雾环绕的效果

6.4.6　体积光

　　"体积光"用来模拟光柱或光圈等效果，它在制造氛围的时侯十分有用。体积光必须与灯光相结合，也就是说场景中必须有灯光。体积光和体积雾的参数十分相似，在此我们只对体积光特有的参数作介绍。"体积光参数"面板如图6-56所示。

　　"体积光参数"卷展栏的参数解释如下：

　　（1）"灯光"选项组：用于选取灯光。将设置好的大气效果添加到场景中的灯光上。单击"拾取灯光"按钮后，在视图中拾取作为体积光的灯光，即可将体积光添加到灯光上。

　　（2）"体积"选项组：用于调整体积光的特性。它的色块有两种，"雾颜色"和"衰减颜色"。

　　● 当选中色块下的"使用衰减颜色"复选框后，体积光将由"雾颜色"逐渐变成"衰减颜色"。

　　● "衰减倍增"数值用于控制衰减的程度。

　　● "最大亮度%"和"最小亮度%"两者用于控制体积光的最大亮度和最小亮度，一般最小亮度的值设为"0"。

图6-56　"体积光参数"面板

　　● "过滤阴影"用来提高体积光的渲染质量，随着渲染质量的提高，渲染的时间也会增加。对不同的输出应使用不同方法，一般使用默认即可。

　　（3）"衰减"选项组：用于控制体积光的衰减速度。"开始%"和"结束%"是体积衰减和灯光衰减的比较。数值在100时体积光的衰减和灯光的衰减是一致的，如果数值小于100时，体积光比灯光衰减要快，而数值大于100时则相反。

　　（4）"噪波"选项组：

　　● "启用噪波"复选框指的是把噪波加入到体积光上。

- "数量"数值框指的是噪波的强度。
- "链接到灯光"复选框是使噪波跟随灯光一起移动，一般不使用此项，除非要达到一种特殊的效果。
- 体积光的"风力来源"也可制作动画，设置方法与体积雾相同。

图6-57所示为使用体积光制作的路灯效果。

图6-57 体积光效果

6.5 实例讲解

本节将通过"制作地球光晕效果"和"制作光线穿透海水的效果"2个实例来讲解灯光、摄影机、渲染与环境在实践中的应用。

6.5.1 制作地球光晕效果

 要点

本例将制作地球光晕效果，如图6-58所示。通过本例的学习，应掌握"体积光"效果的应用。

图6-58 地球光晕效果

操作步骤：

1．建立场景

（1）单击菜单栏左侧的快速访问工具栏中的 按钮，然后从弹出的下拉菜单中选择"重置"命令，接着在弹出的对话框中单击"确定"按钮，重置场景。

（2）单击 （创建）命令面板下 （几何体）中的 球体 按钮，在顶视图中创建一个球体。

（3）单击工具栏中的 （材质编辑器）按钮，进入材质编辑器。然后选择一个空白的材质球，单击"漫反射"右侧按钮，指定给它配套资源中的"maps\EarthMap.jpg"贴图。接着选中场景中创建的球体，单击 （将材质指定给选定对象）按钮，将材质赋予地球模型。

（4）为了便于在视图中看到贴图效果，可单击材质编辑器工具栏中的 （视口中显示明暗处理材质）按钮，结果如图 6-59 所示。

（5）在视图中创建一架目标摄影机，然后选择透视图，按键盘上的【C】键，将透视图切换为摄影机视图，结果如图 6-60 所示。

图6-59　在视图中显示贴图

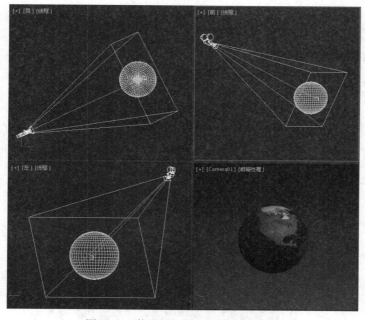

图6-60　将透视图转换为摄影机视图

（6）在视图中创建一盏泛光灯，然后利用工具栏中的 （对齐）工具将其与地球模型中心对齐。然后进入 （修改）面板，设置参数如图 6-61 所示，结果如图 6-62 所示。

图6-61 设置泛光灯参数

图6-62 设置后效果

（7）在视图中再放置一盏泛光灯作为补光，如图6-63所示。

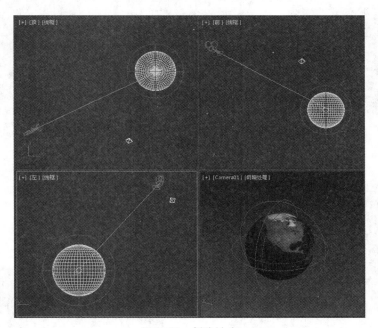

图6-63 创建补光

2．制作体积光效果

（1）执行菜单中的"渲染|环境"命令，在弹出的"环境和效果"对话框中单击"添加"按钮，如图6-64所示。然后在弹出的"添加大气效果"对话框中选择"体积光"选项，如图6-65所示，单击"确定"按钮，结果如图6-66所示。

图6-64　单击"添加"按钮　　　　图6-65　选择"体积光"选项　　　　图6-66　添加"体积光"

（2）单击"拾取灯光"按钮后拾取视图中与地球中心对齐的泛光灯，结果如图6-67所示。

图6-67　拾取泛光灯

（3）选择摄影机视图，单击工具栏中的█（渲染产品）按钮，进行渲染，结果如图6-68所示。

3．指定背景贴图

（1）在"环境和效果"对话框中单击"无"按钮，如图6-69所示。然后指定给它配套资源中的"maps\STARFLD.tga"贴图。

（2）选择摄影机视图，单击工具栏中的█（渲染产品）按钮，进行渲染，结果如图6-70所示。

图6-68　渲染后效果

图6-69　单击"无"按钮

图6-70　最终效果

6.5.2　制作光线穿透海水的效果

要点

　　本例将制作光线穿透海水的效果，如图6-71所示。通过本例的学习，应掌握"雾"和"体积光"的综合应用。

图6-71　光线穿透海水的效果

操作步骤：

1．制作"雾"效果

（1）单击菜单栏左侧的快速访问工具栏中的█按钮，然后从弹出的下拉菜单中选择"打开"

命令，打开配套资源中的"素材及结果\6.5.2制作光线穿透海水的效果\海底源文件.Max"文件，如图6-72所示，渲染后的结果如图6-73所示。

图6-72　打开文件　　　　　　　　　　　　　　图6-73　渲染效果

（2）执行菜单中的"渲染|环境"命令，在弹出的对话框中设置如图6-74所示，单击"确定"按钮。

图6-74　添加"渐变"贴图

（3）选择Camera视图，单击工具栏中的█（渲染产品）按钮，渲染后的结果如图6-75所示。

图6-75　渲染后的效果

2. 制作"体积光"效果

（1）单击"环境和效果"对话框中的 ▉添加... 按钮，添加一个"体积光"效果，参数设置如图6-76所示，单击"确定"按钮。

图6-76 添加体积光

（2）选择Camera视图，单击工具栏中的 ▉（渲染产品）按钮进行渲染，渲染后的最终结果如图6-77所示。

图6-77 渲染后的效果

课 后 练 习

1. 填空题

（1）3ds Max 2016中"标准"灯光类型有8种，它们分别是_____、_____、_____、_____、_____、_____、_____和_____。

（2）3ds Max 2016包括_____、_____、_____和_____4种大气效果。

2．选择题

（1）单击_____按钮，可以改变摄影机的视野范围，而不会改变摄影机和摄影机目标点的位置。

A. ![按钮图标]   B. ![按钮图标]   C. ![按钮图标]   D. ![按钮图标]

（2）在 3ds Max 2016 中，可以创建的摄像机类型有_____。

A. 目标   B. 自由   C. 景深   D. 平行

3．问答题/上机题

（1）简述"聚光灯参数"卷展栏的各参数的含义。

（2）练习1：制作图 6-78 所示的飘动的云彩效果。

（3）练习2：制作图 6-79 所示的晨雾下的房间效果。

图6-78　练习1效果　　　　　　　　　　　　　　图6-79　练习2效果

第7章

基础动画与动画控制器

本章我们将要接触到最让人激动的部分——动画。通过本章学习应掌握以下内容：

- 关键帧的概念和动画设置方法。
- 轨迹视图的使用方法。
- 常用动画控制器的使用方法。

7.1 关键帧动画

通过关键帧来设置动画是 3ds Max 2016 制作动画的依据。本节将具体讲解关键帧的概念及其动画的设置方法。

7.1.1 3ds Max 中的关键帧

在二维传统动画中，需要手工绘制每一帧的位置和形状。而 3ds Max 2016 极大地简化了这个工作，可以在时间线上定义对象几个关键点的位置，然后通过程序计算中间帧的位置，从而得到一个流畅的动画。在 3ds Max 中，需要手工定位的帧称为关键帧。

需要注意的是，位置并不是设置动画的唯一特征。在 3ds Max 中除了位置外，旋转、比例、参数变化和材质等也可以设置动画。因此，3ds Max 中的关键帧只是在时间的某个特定位置指定了一个特定数值的标记。

7.1.2 时间配置

3ds Max 是根据时间来定义动画的，默认的时间单位是帧。但是需要注意的是，帧并不是严格的时间单位，同样是 25 帧的图像，对于 NTSC 制式电视来讲，时间长度不够 1s；对于 PAL 制式电视来讲，时间长度正好是 1s；对于电影来讲，时间长度大于 1s。由于 3ds Max 在录制动画的过程中记录了与时间相关的所有数值，因此在制作完动画后再改变帧速率和输入格式，系统将自动进行调整以适应所作的改变。

单击用户界面右下角播放区的 （时间配置）按钮，即可进入"时间配置"对话框，如图7-1所示。它包括"帧速率"、"时间显示"、"播放"、"动画"和"关键点步幅"5个选项组。

图7-1 "时间配置"对话框

7.1.3 创建关键帧

要在 3ds Max 中创建关键帧，就必须在激活 自动关键点 按钮（快捷键【N】）的情况下，在非第 0 帧改变某些对象。这些改变可以是变换的改变，也可以是参数的改变。改变后将在该帧创建一个关键帧。例如创建了一个球，然后打开 自动关键点 按钮，到非第 0 帧改变球的半径参数，这样，3ds Max 将创建一个关键点。只要 自动关键点 按钮处于打开状态，就一直处于记录模式，3ds Max 将记录用户在非第 0 帧所作的任何改变。在创建了关键帧之后就可以拖动时间滑块来观察动画。

7.1.4 播放动画

通常在创建了关键帧后就要观察动画。此时可以通过拖动时间滑块来观察动画，也可以使用动画控制区中的回放按钮播放动画。动画控制区中的按钮含义如下。

- ▷（播放动画）：用来在激活的视图中播放动画。
- ⅠⅠ（停止动画）：用来停止播放动画。
- ▷（播放选定对象）：用于在激活的视图中播放选择对象的动画。如果没有选择的对象，就不播放动画。
- ⅠⅠⅠ（转至开头）：单击该按钮，时间滑块将移动到当前动画范围的开始帧。如果正在播放动画，那么，单击该按钮，动画就停止播放。
- ⅠⅠ（转至结尾）：单击该按钮，时间滑块将移动到当前动画范围的末端。
- ▷Ⅰ（下一关键点）：当激活 ⅠⅠⅠ 按钮后，单击该按钮，时间滑块将移动到选择对象的下一个关键帧。
- Ⅰ◁（上一关键点）：当激活 ⅠⅠⅠ 按钮后，单击该按钮，时间滑块将移动到选择对象的上一个关键帧。
- 🔧（时间配置）：用来设置制式和时间长度。

7.1.5 设计动画

作为一个动画师，在开始动画之前就需要将一切规划好。设计动画的一个常用工具就是故事板。故事板对制作动画非常有帮助，它是一系列草图，用来描述动画中的关键事件、角色和场景元素。

7.2 轨迹视图—曲线编辑器

轨迹视图—曲线编辑器主要用于调整动画。执行菜单中的"图形编辑器|轨迹视图—曲线编辑器"命令，即可进入轨迹视图—曲线编辑器。它由菜单栏、编辑工具栏、树状结构图、编辑窗口 4 部分组成，如图 7-2 所示。

1. 菜单栏

菜单栏整合了轨迹视图的大部分功能。它包括"编辑器"、"编辑"、"视图"、"曲线"、"关键点"、"切线"和"显示"7 个菜单。

图7-2 轨迹视图—曲线编辑器

2．编辑工具栏

编辑工具栏包括控制项目、轨迹和功能曲线的所有工具。

3．树状结构图

树状结构图位于轨迹视图的左侧。它将场景中的所有项目显示在一个层级中，在层级中对物体名称进行选择即可选择场景中的对象。

树状结构图中每种类型的项目都用一种图标表示，可以使用这些图标快速识别项目代表的意义。

4．编辑窗口

编辑窗口位于视图右侧，显示表示时间和参数值的轨迹和功能曲线。编辑窗口使用浅灰色背景表示激活的时间段。

7.2.1 编辑关键点

在创建了关键点之后，还可对关键点的位置和范围进行调整，下面就通过一个实例来具体介绍一下编辑关键点方法，具体过程如下：

（1）在前视图中创建一个半径为25的球体。

（2）创建球体动画。激活 自动关键点 按钮，将时间滑块移动到第50帧，然后在前视图中将球体向上移动5个单位；接着将时间滑块移动到第100帧，在前视图中将球体向上移动10个单位。最后再次单击 自动关键点 按钮，退出动画录制模式。

（3）执行菜单中的"图形编辑器|轨迹视图－曲线编辑器"命令，即可进入轨迹视图－曲线编辑器。然后在左侧树状结构图中选择球体的位置轨迹，如图7-3所示。

图7-3 球体的运动轨迹

（4）添加关键点。单击编辑工具栏中的 （添加关键点）按钮，然后在轨迹上单击，即可添加关键点，如图7-4所示。

图7-4　添加关键点

（5）移动关键点。单击编辑工具栏中的 ⊕（移动关键点）和 ⬌（滑动关键点）按钮，都可对关键点的位置进行调整，如图7-5所示。

图7-5　移动关键点

（6）锁定关键点。单击编辑工具栏中的 🔒（锁定当前选择）按钮，所选的关键点就被锁定，此时使用任何工具进行调整时都是针对锁定的关键点进行的，再次单击 🔒（锁定当前选择）按钮可以释放锁定，这样可以重新选定其他关键点。

（7）删除关键点。在编辑窗口中选定要删除的关键点，然后按下【Delete】键，即可删除该关键点。

7.2.2　调整功能曲线

选择曲线上的关键点后，右击，会弹出一个关键点信息对话框，如图7-6所示。在该对话框中可以改变动画的数值时间及一个或多个选定关键点两边曲线的插入方式。

在这一对话框中选择点两边曲线的插入方式，可直接影响场景中对象在两个关键点间的运动方式，按住"输入"下面的曲线按钮，在弹出的按钮中可以选择7种不同类型的入射角曲线。

图7-6　关键点信息对话框

• ■（默认曲线方式）：此种方式在设定了关键点后，通过控

制点两侧的控制柄来随机确定点两边的
入射角曲线，如图 7-7 所示。对象在两
个关键点之间的运动轨迹为曲线形式。

- ■（直线插入方式）：此种方式将关
  键点两边曲线变为直线入射形式，如
  图 7-8 所示。物体在两个关键点之间的
  运动轨迹为直线，物体在两个关键点之间做匀速运动。

图7-7　默认曲线方式

- ■（直角插入方式）：此种方式将关键点两边的轨迹曲线以直角折线方式插入，如
  图 7-9 所示。通常用于突变过程。选择这种插入方式后，物体在运动时只出现关键点设
  定的位置而没有关键点之间的运动过程。

图7-8　直线插入方式

图7-9　直角插入方式

- ■（减速插入方式）：选择此种插入方式后，点两边的曲线如图 7-10 所示，对象在两
  个关键点之间做减速运动，比如上抛物体的运动。
- ■（加速插入方式）：选择这种插入方式，关键点两端的曲线如图 7-11 所示，对象在
  两个关键点之间做加速运动，比如下落物体的运动。

图7-10　减速插入方式

图7-11　加速插入方式

- ■（贝塞尔插入方式）：选择此种方式，可以使用贝塞尔控制柄随意调整曲线造型，如
  图 7-12 所示，这样能够更好地控制轨迹的形状。
- ■（平滑插入方式）：选择此种方式，可以对关键点两端的曲线进行平滑处理，如
  图 7-13 所示。

图7-12　贝塞尔插入方式

图7-13　平滑插入方式

7.3 动画控制器

在 3ds Max 2016 中，创建的任何一个对象都被指定了一个默认的控制器。如果要制作一些特殊的效果，还可以指定其他的控制器，在控制器左边有">"标记的，表明是当前使用的控制器，或是系统默认的设置，如图 7-14 所示。

7.3.1 "变换"控制器

3ds Max 2016 的控制器可在轨迹视图和"运动"面板中进行指定，这两个地方的内容和效果完全相同，只是面板形式不同而已。

进入 （运动）面板，然后选择"变换"选项，如图 7-15 所示。接着单击 （指定控制器）按钮，会弹出"指定变换控制器"面板，如图 7-16 所示。它包括"AlembicXform"、"CATGizmoTransform"、

图7-14　当前使用的控制器

"CATHDPivotTrans"、"CATHIPivotTrans"、"CATTransformOffset"、"MixamoController"、"位置／旋转／缩放"、"变换脚本"、"外部参照控制器"和"链接约束"10 种控制器。前 6 种控制器主要用于控制肢体动作。对后面 4 种控制器的参数解释如下。

图7-15　选择"变换"选项

图7-16　"指定变换控制器"面板

- 位置／旋转／缩放：改变控制器对话框中的系统默认设置，使用非常普遍，是大多数物体默认使用的控制器，它将变换控制分为"位置"、"旋转"和"缩放"3 个子控制项目，分别分配不同的控制器。
- 变换脚本：用脚本来设置变换控制器。
- 外部参照控制器：该控制器用于调用外部 3ds Max 文件中相关对象的控制器来控制当前对象。
- 链接约束：用于对层次链中由一个物体向另一个物体链接转移的动画制作。分配作为链接对象的父物体后，可以对开始的时间进行控制。

7.3.2 "位置"控制器

进入 ▦（运动）面板，选择"位置"选项，然后单击 ▦（指定控制器）按钮，会弹出"指定位置控制器"面板。它包括多种"位置"控制器，下面介绍一些常用的"位置"控制器类型。

- Bezier 位置：这是 3ds Max 2016 中使用最广泛的动画控制器之一，它在两个关键点之间使用一个可调的样条曲线来控制动作插值，对大多数参数而言均可用，所以"位置"控制器对话框中选择它作为默认设置。它允许以函数曲线方式控制曲线的形态，从而影响运动效果。还可以通过贝塞尔控制器控制关键点两侧曲线衔接的圆滑程度。

- TCB 位置：它通过"张力"、"连续性"和"偏移"3 个参数项目来调节动画。

- 弹簧：它通过"张力"和"阻尼"两个参数项目来产生弹簧动画。

- 附加：将一个物体结合到另一个物体的表面。需要注意的是，目标物体必须是一个网格物体，或者能够转化为网格物体的 NURBS 物体、面片物体。通过在不同关键点分配不同的附属物控制器，可以制作出一个物体在另一物体表面移动的效果。如果目标物体表面是变化的，它将发生相应的变化。

- 路径约束：使物体沿一个样条曲线路径进行运动，通常在需要物体沿路径轨迹运动且不发生变形时使用。如果物体沿路径运动的同时还要产生变形，应使用"路径变形"修改器修改或空间扭曲。

- 曲面：使一个物体沿另一个物体表面运动，但是对目标物体要求较多。目标物体必须是球体、圆锥体、圆柱体、圆环、四边形面片、NURBS 物体。除此之外，都不能作为曲面控制器的目标物体，而且这些物体要保持完整性，不能使用"切片"处理，不能加入变动修改命令。

- 位置 XYZ：将位置控制项目分为 X、Y、Z 三个独立的控制项目，可以单独为每一个控制项目分配控制器。

- 位置表达式：它是通过数学表达式来实现对动作的控制。可以控制物体的基本创建参数（如长度、半径等）。

- 位置脚本：通过脚本语言进行位移动画控制。

- 位置列表：它是一个组合其他控制器的合成控制器，能将其他种类的控制器组合在一起，按从上到下的顺序进行计算，从而产生组合控制效果。

- 位置约束：用于约束一个对象跟随另一个对象的位置或者几个对象的权重平均位置。

- 位置运动捕捉：在 3ds Max 2016 中，允许使用外接设置控制和记录物体的运动，目前可用的外接设备包括鼠标、键盘、游戏杆和 MIDI。

- 线性位置：它是在两个关键点之间平衡地进行动画插值计算，从而得到标准的直线性动画，常用于一些规则的动画效果，如机器人关节的运动。

- 音频位置：它是通过一个声音的频率和振幅来控制动画物体的位移运动节奏，基本上可以作用于所有类型的控制参数。可以使用 WAVE、AVI 等文件的声音，也可以由外部直接用声音同步动作。

- 噪波位置：此控制器产生一个随机值，可在功能曲线上看到波峰及波谷。它没有关键点的位置，而是使用一些参数来控制噪声曲线，从而影响动作。

7.3.3 "旋转"控制器

进入 （运动）面板，选择"旋转"选项，然后单击 （指定控制器）按钮，会弹出"指定旋转控制器"面板，如图 7-17 所示。它包括多种"旋转"控制器，下面介绍一些常用的"旋转"控制器类型。

- Euler XYZ：它是一种合成控制器，通过它可将旋转控制分离为 X、Y、Z 3 个项目，分别控制在 3 个轴向上的旋转，然后可对每个轴分配其他的动画控制器。这样做的目的是实现对旋转轨迹的精细控制。

- TCB 旋转：它通过"张力"、"连续性"和"偏移"3 个参数项目来调节旋转动画。该控制器提供类似 Bezier 控制器的曲线，但没有切线类型和切线控制手柄。

- 平滑旋转：完成平滑自然的旋转动作，与"线性"旋转相同，没有可调的函数曲线，只能在轨迹视图中改变时间范围，或者在视图中旋转物体来改变旋转值。

图7-17 "指定旋转控制器"面板

- 线性旋转：它是在两个关键点之间得到稳定的旋转动画，常用于一些规律性的动画旋转效果。

- 旋转脚本：它是通过脚本语言进行旋转动画控制。

- 旋转列表：它不是一个具体的控制器，而是含有一个或多个控制器的组合，能将其他种类的控制器组合在一起，按从上到下的排列顺序进行计算，产生组合的控制效果。

- 旋转运动捕捉：当旋转运动捕捉控制器分配后，原控制器将变为下一级控制器，同样发生控制作用。接通外设后，旋转运动捕捉控制器可以反复进行物体旋转运动的捕捉，最后的运动结果将在每一帧建立一个关键点，可以使用轨迹视图中的 （简化曲线）工具对它们进行精简。

- 音频旋转：它是通过一个声音的频率和振幅来控制动画物体的旋转运动节奏，基本上可以作用于所有类型的控制参数。

- 噪波旋转：此控制器产生一个随机值，可在功能曲线上看到波峰及波谷，产生随机的旋转动作变化。它没有关键点的设置，而是使用一些参数来控制噪声曲线，从而影响旋转动作。

7.3.4 "缩放"控制器

进入 （运动）面板，选择"缩放"选项，然后单击 （指定控制器）按钮，会弹出"指定缩放控制器"面板，如图 7-18 所示。它包括多种"缩放"控制器，下面介绍一些常用的"缩放"控制器类型。

- Bezier 缩放：它是默认的"缩放"控制器，它允许通过函数曲线方式控制物体缩放曲线的形态，从而影响运动效果。

- TCB 缩放：它通过"张力"、"连续性"和"偏移"3 个参数项目来调节物体的缩放动画。

该控制器提供类似Bezier控制器的曲线，但没有切线类型和切线手柄。

- 缩放XYZ：它将缩放控制项目分离为X、Y、Z三个独立的控制项目，可以单独为每一个控制项目分配控制器。
- 缩放表达式：它通过数学表达式来实现对动作的控制。可以控制物体的基本创建参数（如长度、半径等），可以控制对象的缩放运动。
- 缩放脚本：它通过脚本语言进行缩放动画控制。
- 缩放列表：它不是一个具体的控制器，而是含有一个或多个控制器的组合。能将其他种类的控制器组合在一起，按从上到下的排列顺序进行计算，从而产生组合的控制效果。

图7-18　"指定缩放控制器"面板

- 缩放运动捕捉：它首次分配时要在轨迹视图或运动面板中完成，修改和调试动作时要在程序命令面板的运动捕捉程序中完成。分配缩放运动捕捉控制器后，原控制器将变为下一级控制器，同样发挥控制作用。接通外设，缩放运动捕捉控制器可以反复进行物体缩放运动的捕捉，最后的结果将在每一帧建立一个关键点。
- 线性缩放：常用于一些规律性的动画效果。
- 音频比例：它通过声音的频率和振幅来控制动画物体的缩放运动节奏，基本上可以作用于所有类型的控制参数。
- 噪波缩放：此控制器产生一个随机值，可在功能曲线上看到波峰及波谷，产生随机的缩放动作变化。没有关键点的设置，而是使用一些参数来控制噪声曲线，从而影响对象的缩放动作。

7.4　实 例 讲 解

本节将通过"制作弹跳的小球效果"和"制作旋转着逐渐倒下的硬币效果"2个实例来讲解基础动画与动画控制器在实践中的应用。

7.4.1　制作弹跳的皮球效果

 要点

本例将制作弹跳的小球效果，如图7-19所示，通过本例的学习，应掌握轨迹视窗的使用方法。

第0和20帧

第8帧

第10帧

第12帧

图7-19　弹跳的小球效果

操作步骤：

1．制作小球上下循环运动

（1）单击菜单栏左侧的快速访问工具栏中的 按钮，然后从弹出的下拉菜单中选择"重置"命令，接着在弹出的对话框中单击"确定"按钮，重置场景。

（2）单击 （创建）命令面板下 （几何体）中的 球体 按钮，在场景中创建一个"球体"，半径设为10，并选中"轴心在底部"复选框，如图7—20所示。

图7—20 选中"轴心在底部"复选框

（3）制作球体上下运动动画。方法：激活 自动关键点 按钮，将时间滑块移至第10帧，如图7—21所示。然后将小球向下移动10个单位，如图7—22所示。接着选中时间线上的第0帧，按住键盘上的【Shift】键，将第0帧复制到第20帧，如图7—23所示。最后再次单击 自动关键点 按钮，停止动画录制。此时预览，小球已经是一个完整的上下运动过程。

图7—21 将时间滑块移到第10帧

(a) 第0帧

(b) 第10帧

图7—22 录制动画

（4）制作球体上下循环运动动画。方法：执行菜单中的"图形编辑器|轨迹视图－曲线编辑器"命令，即可进入轨迹视图－曲线编辑器，然后在菜单栏的空白位置右击，从弹出的快捷菜

图7—23 将第0帧复制到第20帧

中选择"加载布局|Function Curve Layout（Classic）"命令，如图7-24所示，从而将轨迹视图－曲线编辑器切换为Function Curve Layout（Classic）模式，如图7-25所示。接着单击轨迹视图工具栏上的 ![图] （参数曲线超出范围类型）按钮，在弹出的对话框中选择"循环"选项，如图7-26所示。此时小球运动为循环运动，轨迹视窗如图7-27所示。

图7-24　进入轨迹视窗

图7-25　切换轨迹视窗为Function Curve Layout（Classic）模式

2．制作小球向下做加速运动、向上做减速运动

此时小球上下运动不正常，为了使小球向上运动为减速运动，向下运动为加速运动，需要进一步进行设置。

方法：右击轨迹视窗中的第10帧，在弹出的对话框中进行设置，如图7-28所示。结果轨迹视图如图7-29所示。此时就完成了小球向下加速，向上减速的循环运动。

图7-26　选择"循环"

图7-27　"循环"后的效果

图7-28　设置曲线

图7-29　设置后的效果

3. 制作小球与地面接触时的挤压动画

（1）将时间滑块移动到第10帧，激活 自动关键点 按钮，再单击工具栏上的 %n （百分比捕捉切换）按钮，利用 （选择并挤压）工具在前视图中对球体进行挤压，挤压参数设置如图 7-30 所示。最后再次单击 自动关键点 按钮，停止动画录制。

图7-30　挤压参数

（2）为了便于观看关键帧，下面在轨迹视图中执行菜单中的"编辑器｜摄影表"命令，此时轨迹视图如图 7-31 所示。

图7-31　"摄影表"模式下的进入轨迹视图

（3）在轨迹视图中，利用工具栏中的 （移动关键点）工具选中"缩放"的第1帧，按住键盘上的【Shift】键，将第1帧复制到第20帧，如图7-32所示。

图7-32　将"缩放"第1帧复制到第20帧

（4）此时预览会发现小球向下运动时开始挤压变形，向上运动时开始恢复原状，这是不正确的。为了解决这个问题，可以将"缩放"中的第1帧分别复制到第8帧和第12帧，如图7-33所示，使小球只在第8 ~ 12帧之间变形。

图7-33 "缩放"中的第1帧分别复制到第8帧和第12帧

（5）此时小球在第8 ~ 12帧之间变形的同时还在运动，这也是不正确的，为此可以将"位置"下的"Z 位置"中的第10帧复制到第8帧和第12帧，如图7-34所示。

图7-34 将"Z位置"中的第10帧复制到第8帧和第12帧

（6）此时整个小球弹跳动画制作完毕，但是预览会发现小球挤压动画不能够自动循环，下面就来解决这个问题。方法：轨迹视图中执行菜单中的"编辑器|曲线编辑器"命令，如图7-35所示，回到"曲线编辑器"模式，然后选择"缩放"，如图7-36所示，单击工具栏中的■（参数曲线超出范围类型）按钮，在弹出的对话框中重新选择"循环"选项，此时轨迹视图如图7-37所示。

图7-35 执行菜单中的"编辑器|曲线编辑器"命令

图7-36 选择"缩放"

图7-37 选择以"循环"方式进行"缩放"循环

（7）赋予小球一个配套资源中的"maps\ 皮球 .jpg"贴图。

（8）至此，整个动画制作完毕，这个动画的整个过程：小球从第0帧开始向下做加速运动，在第8帧到达底部后开始挤压，在第10帧挤压到极限，在第12帧恢复原状，然后向上做减速运动，如图 7-38 所示。

第0和20帧　　　　　　　第8帧　　　　　　　第10帧　　　　　　　第12帧

图7-38 弹跳的皮球效果

7.4.2 制作旋转着逐渐倒下的硬币效果

要点

　　本例将制作一个旋转落地的硬币效果，如图 7-39 所示。通过本例的学习，应掌握多边形建模、"涡轮平滑"修改器、"路径约束"控制器、"注视约束"控制器，利用虚拟对象和点来控制对象的综合应用。

图7-39 旋转落地的硬币效果

 操作步骤：

1. 制作硬币造型

（1）单击菜单栏左侧的快速访问工具栏中的 按钮，然后从弹出的下拉菜单中选择"重置"命令，接着在弹出的对话框中单击"确定"按钮，重置场景。

（2）在顶视图中创建一个圆柱体，并按键盘上【F4】键将其边面显示，参数设置及结果如图 7-40 所示。

图7-40 创建圆柱体并以边面显示

（3）为了便于操作，下面将圆柱体的轴心点定在其中心位置。方法：选择视图中的圆柱体模型，进入 ■（层次）面板，单击 仅影响轴 按钮后单击 居中到对象 按钮即可，结果如图 7-41

所示。然后再次单击 仅影响轴 按钮，退出编辑状态。

（4）将中心点的坐标定为零点。方法：右击工具栏中的 ✛（选择并移动）工具，从弹出的对话框中进行设置，如图7-42所示。

图7-41　面将圆柱体的轴心点定在其中心位置　　　　图7-42　将中心点的坐标定为零点

（5）右击视图中的圆柱体，从弹出的快捷菜单中选择"转换为|转换为可编辑多边形"命令，从而将圆柱体转换为可编辑的多边形。

（6）进入 ⚙（修改）面板可编辑多边形的 ⸪（顶点）层级，然后利用工具栏中的 ▣（选择对象）工具在顶视图中框选图7-43所示的顶点，接着右击，从弹出的快捷菜单中选择"转换到面"命令，如图7-44所示，从而选中图7-45所示的面。

 提示

利用工具栏中的 ▣（选择对象）工具框选顶点的目的是为了将同一位置的前后两个顶点一起选中。

图7-43　框选中心顶点

图7-44　选择"转换到面"命令　　　　图7-45　选中面

（7）制作硬币中间的凹陷部分。方法：利用工具栏中的 （选择并匀称缩放）工具缩放选中的面，如图7-46所示，然后单击"挤出"右侧的 ■ 按钮，在弹出的快捷面板中设置参数如图7-47所示，单击 ✓ 按钮。

图7-46 缩放选中的面

图7-47 挤出多边形后的效果

（8）为了以后在凹陷处能够制作正确的平滑效果，下面将挤出后的多边形进行分离。方法：单击"分离"按钮，如图7-48所示，然后在弹出的"分离"对话框中进行设置，如图7-49所示，单击"确定"按钮即可。

图7-48 单击"分离"按钮

图7-49 设置"分离"参数

（9）为了以后在硬币边缘产生正确的平滑效果，下面在硬币边缘添加边。方法：进入可编辑多边形的 ⬭（边）层级，选择图7-50所示的边，然后利用视图控制区中的 ⬙（环绕）工具旋转硬币，从而显示出硬币背面，再选择一条硬币背面边缘的边，如图7-51所示。接着单击"环形"按钮（快捷键【Alt+R】），即可选择图7-52所示的环形边。最后单击"连接"按钮，即可在硬币边缘添加一圈环形边，如图7-53所示。

图7-50 选择边

图7-51　选择背面硬币边缘的一条边

图7-52　选择环形边

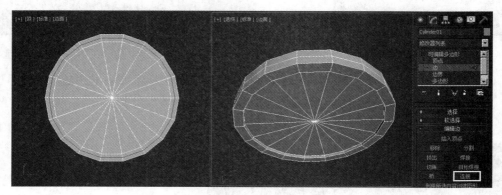

图7-53　添加一圈环形边

（10）对硬币进行平滑处理。方法：在修改器列表中单击"可编辑多边形"，退出次对象层级，然后执行修改器下拉列表中的"涡轮平滑"命令，参数设置及结果如图 7-54 所示。

图7-54　涡轮平滑效果

💾 提示

　　"涡轮平滑"修改器与"网格平滑"修改器相比，可以节省系统资源，从而提高工作效率。

2. 制作旋转落地的动画

（1）创建控制硬币旋转的路径。方法：在顶视图中创建一个螺旋线，参数设置及效果如图 7-55 所示。然后将其中心点定为零点。

图7-55 创建螺旋线

（2）创建点辅助对象沿螺旋线运动的效果。方法：单击 ■（创建）面板下 ■（辅助对象）中的 ▬▬点▬▬ 按钮，然后在视图中创建一个点对象，参数设置及效果如图 7-56 所示。再单击 ◎（运动）按钮，进入运动面板，接着选择"位置：位置 XYZ"，单击 ■（指定控制器）按钮，如图 7-57 所示，再在弹出的"指定位置控制器"对话框中选择"路径约束"，如图 7-58 所示，单击"确定"按钮。最后单击"添加路径"按钮，如图 7-59 所示，再拾取视图中的螺旋线，此时在第 1 帧和第 100 帧会自动产生两个关键点，如图 7-60 所示。播放动画会看到点沿螺旋线运动的效果。

图7-56 创建点对象

图7-57　单击▦（指定控制器）按钮

图7-58　选择"路径约束"

图7-59　单击"添加路径"按钮后拾取螺旋线

图7-60　在第1帧和第100帧会自动产生两个关键点

（3）制作硬币注视点辅助对象的效果。方法：再次单击"添加路径"按钮，退出添加路径状态。然后选择视图中的硬币模型，单击▦（运动）按钮，进入运动面板。再选择"旋转：Eluer XYZ"，单击▦（指定控制器）按钮，如图7-61所示。接着在弹出的"指定位置控制器"对话框中选择"注视约束"，如图7-62所示，单击"确定"按钮。最后单击"添加注视目标"按钮后拾取视图中的点虚拟对象，如图7-63所示。此时播放动画会看到硬币从地面逐渐旋转着立起来的效果，如图7-64所示。

（4）这种效果是不正确的，我们需要的是硬币旋转着倒下的效果，由于硬币是随点辅助对象进行运动的，下面通过调整点辅助对象的关键点来完成设置。方法：选择视图中的点辅助对象，然后将第100帧移动到第30帧，将第0帧移动到第100帧即可，此时时间线如图7-65所示。此时播放动画会看到硬币旋转着逐渐倒下的效果，如图7-66所示。

图7-61　选择"旋转：Eluer XYZ"

图7-62 选择"注视约束"

图7-63 单击"添加注视目标"按钮后拾取点辅助对象

图7-64 硬币从地面逐渐旋转着立起来的效果

图7-65 将第100帧移动到第30帧，将第0帧移动到第100帧

图7-66 硬币旋转着逐渐倒下的效果

提示

　　将第100帧移动到第30帧，而不是第0帧，是因为硬币不是在刚开始就逐渐倒下，而是在第0～30帧有一个快速旋转的过程，然后在30帧后才开始逐渐旋转着倒地。

　　（5）制作硬币在第30帧之前的快速旋转效果。由于此时硬币已经受到"注视约束"控制器的约束，因此不能通过直接对其进行旋转来完成此操作，而是将硬币链接到虚拟体上，通过旋转虚拟体来控制硬币在30帧前的旋转。方法：单击 ▦ （创建）面板下 ▦ （辅助对象）中的 虚拟对象 按钮，然后在视图中创建一个虚拟对象，如图7-67所示。接着单击工具栏中的 ▦ （对齐）按钮后拾取视图中的硬币，再在弹出的对话框中进行设置，如图7-68所示，单击"确定"按钮。

图7-67　创建一个虚拟对象

图7-68　将虚拟体与硬币中心对齐

　　（6）选择视图中的硬币模型，单击工具栏中的 ▦ （选择并链接）按钮，将其拖动到虚拟体上建立链接，如图7-69所示。

　　（7）激活动画控制器中的 自动关键点 按钮（快捷键【N】），然后将时间滑块移动到第30帧，在前视图中将虚拟体沿Y轴旋转一定角度（此时旋转-2 000°），如图7-70所示。此时播放动画即可看到硬币在第0～30帧进行旋转、第30帧后逐渐旋转着倒下的效果。

　　（8）为了便于观看，下面隐藏辅助对象和螺旋线。方法：单击 ▦ （显示）按钮，进入显示面板，然后选中"图形"和"辅助对象"选项，如图7-71所示，即可隐藏辅助对象和螺旋线。

　　（9）至此，这个动画制作完毕。下面为了美观，赋予硬币材质后进行渲染，结果如图7-72所示。

图7-69　将硬币链接到虚拟体上

图7-70　在第30帧将虚拟体沿Y轴旋转-2 000°

图7-71 选中"图形"和"辅助对象"选项

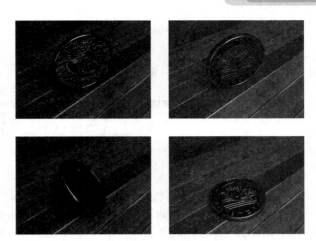

图7-72 最终渲染效果

课 后 练 习

1. 填空题

（1）"轨迹视图－曲线编辑器"面板由_____、_____、_____和_____4部分组成。

（2）"指定变换控制器"面板中包括_____、_____和_____3种控制器。

2. 选择题

（1）激活 按钮的快捷键是_____。

    A.【M】   B.【N】   C.【A】   D.【C】

（2）_____控制器是默认的"缩放"控制器

    A. TCB 缩放   B. Bezier 缩放   C. 缩放 XYZ   D. 缩放表达式

3. 问答题 / 上机题

（1）简述调整功能曲线的方法。

（2）练习1：制作图7-73所示的"大宝剧场"字幕动画效果。

图7-73 练习1效果

（3）练习2：制作图7-74所示的展开的画卷效果。

图7-74 练习2效果

第8章

粒子系统与空间扭曲

粒子系统与空间扭曲工具都是动画制作中非常有用的特效工具。粒子系统可以模拟自然界中真实的烟、雾、飞溅的水花、星空等效果。空间扭曲可以通过多种奇特的方式来影响场景中的对象，如产生引力、风吹、涟漪等特殊效果。通过本章学习应掌握以下内容：

- 粒子系统的使用。
- 常用空间扭曲工具的使用。

8.1 粒子系统

3ds Max 2016中粒子系统共有7种粒子，它们分别是：粒子流源、喷射、雪、暴风雪、粒子云、粒子阵列和超级喷射，如图8-1所示。

创建粒子系统的方法：

（1）创建一个粒子发射器。单击要创建的粒子类型，在视图窗口中拖动出一个粒子发射器，所有的粒子系统都要有一个发射器，有的用粒子系统图标，有的则直接用场景中的物体作为发射器。

图8-1 "粒子系统"面板

（2）定义粒子的数量。设置粒子发射的"速度"、"开始"发射粒子以及粒子"寿命"等参数后，指定时间内粒子的数量。

（3）设置粒子的形状和大小。可以从标准粒子类型中选择，也可以拾取场景中的对象作为一个粒子。

（4）设置初始的粒子运动。主要包括粒子发射器的速度、方向、旋转和随机性。粒子还受到粒子发射器动画的影响。

（5）修改粒子的运动。可以在粒子离开发射器之后，使用空间扭曲来影响粒子的运动。

8.1.1 "喷射"粒子

喷射粒子是最简单的粒子系统，但是如果充分掌握喷射粒子系统的使用，我们同样可以创建出许多特效，比如喷泉、降雨等效果，图8-2所示为使用喷射粒子创建的喷泉效果。

打开粒子系统，单击"喷射"按钮，即可看到"喷射"粒子的参数面板，如图8-3所示。

"喷射"粒子的"参数"卷展栏的参数解释如下：

1. "粒子"选项组

"粒子"选项组用于设定粒子本身的属性。

- "视口计数"用于控制在视图中显示出的粒子的数量。
- "渲染计数"用于控制在渲染输出时的粒子数量。

图8-2　使用喷射粒子创建的喷泉效果

图8-3　"喷射"粒子参数面板

提示

　　将视图中的粒子数量和渲染的粒子数量分开设置，是因为粒子系统非常占用内存，所以在编辑调整时，可以将数量调少一些，从而加快显示速度。

- "水滴大小"用于控制单个粒子的尺寸大小。
- "速度"用于控制粒子从发射器中喷射出来的初始速度。
- "变化"用于控制粒子的喷射方向以及速度发生变化的程度，这个参数可以使各个粒子之间有所不同，其余粒子系统中也有这个参数。
- 选中"水滴"单选按钮后粒子的形状是水滴状；选中"圆点"单选按钮后，粒子的形状成为点状；选中"十字叉"单选按钮后，粒子形状成为十字形。

2．"渲染"选项组

"渲染"卷展栏用于设定粒子物体渲染后的显示状态。

选中"四面体"单选按钮后，渲染时粒子成四面体状的晶体，如图 8-4 所示；选中"面"单选按钮后粒子的每个面都将被渲染输出，如图 8-5 所示。

3．"计时"选项组

"定时"卷展栏用于设定粒子动画产生的时间。

- "开始"数值框用于设定粒子系统产生粒子的起始时间。
- "寿命"数值框用于设定粒子产生后在视图中存在的时间。
- "再生速度"数值框用于设定粒子产生的速率。
- 选中"常量"复选框后，粒子产生的速率将被固定下来。

图8-4 "四面体"渲染效果

图8-5 "面"渲染效果

4．"发射器"选项组

"发射器"卷展栏用于控制发射器是否显示以及显示的尺寸。

- "宽度"数值框用于控制发射器的宽度。
- "长度"数值框用于控制发射器的长度。
- 选中"隐藏"复选框后，发射器将被隐藏起来，不在视图中显示。

8.1.2 "雪"粒子

"雪"粒子系统主要用于模拟下雪和乱飞的纸屑等柔软的小片物体。它的参数与"喷射"粒子很相似。它们的区别在于"雪"粒子自身的运动。换句话说，"雪"粒子在下落的过程中可自身不停地翻滚，而"喷射"粒子是没有这个功能的。

打开粒子系统，单击"雪"按钮，即可看到"雪"粒子的参数面板，如图 8-6 所示。

"雪"粒子的"参数"卷展栏的参数解释如下：

1．"粒子"选项组

"粒子"卷展栏同样是设置物体的自身属性。

- "雪花大小"数值框可设定粒子的尺寸大小。
- "翻滚"数值框可以设定粒子随机翻转变化的程度。
- "翻滚速率"数值框用来设置翻转的频率。

2．"渲染"选项组

选中"六角形"单选按钮后，渲染后雪花成六角星形，如图 8-7 所示；选中"三角形"单选按钮后，渲染后雪花成三角形，

图8-6 "雪"粒子参数面板

如图 8-8 所示；选中"面"单选按钮后，渲染后雪花成四方形，如图 8-9 所示。

图8-7 六角星形

图8-8 三角形

图8-9 四方形

8.1.3　"暴风雪"粒子

"暴风雪"粒子系统是很猛烈的降雪，从表面现象看，它不过是比"雪"粒子在强度上要大一些，但是从参数上看，它比"雪"粒子要复杂得多，参数复杂主要在于对粒子的控制性更强，从运用效果上看，可以模拟的自然现象也更多，更为逼真。

打开粒子系统，单击"暴风雪"按钮，即可看到"暴风雪"粒子的参数面板，如图8-10所示。

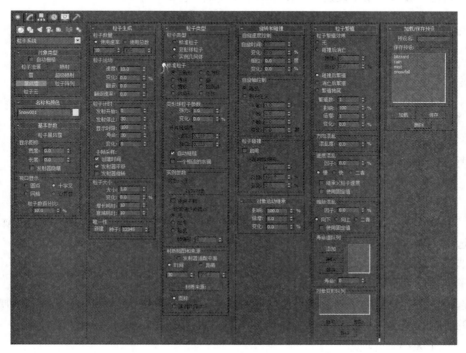

图8-10　"暴风雪"粒子的参数面板

"暴风雪"粒子面板的参数解释如下：

1．"基本参数"卷展栏

"基本参数"卷展栏主要用于设定发射器和视图显示的相关属性。

"暴风雪"粒子的参数很多，其中很多参数在另外几种粒子中同时存在。

"显示图标"选项组中的参数与先前介绍的"喷射"和"雪"粒子基本相同。选中"发射器隐藏"复选框，系统会将发射器隐藏起来。

"视口显示"选项组中可设定粒子在视图中显示的形状，下面的4个单选按钮代表了4种形状：点、十字、网格和长方体。

2．"粒子生成"卷展栏

"粒子生成"卷展栏的参数定义场景中的粒子数量。由于暴风雪粒子物体会随着时间的不同而改变形状，所以这里的设置比先前介绍的简单粒子系统要复杂一些。

1）"粒子数量"选项组

"粒子数量"选项组用于设定产生的粒子数量。它下面有"使用速率"和"使用总数"两个单选按钮。选中"使用速率"单选按钮后，在下面的数值框中可以输入每帧产生的粒子数量；而选中"使用总数"单选按钮后，在下面的数值框中可以设置产生的粒子总量。

2）"粒子运动"选项组

"粒子运动"选项组用于设定物体运动的相关选项。

- "速度"数值框用于设定粒子发射后的速度。
- "变化"数值框用于设定粒子在运动中不规则变化的程度。
- "翻滚"数值框用于设定粒子在运动中的翻滚程度。
- "翻滚速率"数值框用于设定粒子翻滚的频率。

3）"粒子计时"选项组

"粒子定时"选项组用于设定粒子的周期选项。

- "发射开始"数值框用于设定发射器开始发射粒子的时间。
- "发射结束"数值框用于设定发射器结束发射粒子的时间。
- "显示时限"数值框中用于设定粒子显示的终止时间，利用此参数可以设计出某一时间所有粒子同时消失的效果。
- "寿命"数值框用于设定每个粒子的生命周期。
- "变化"数值框用于设定粒子的随机运动的程度。
- "子帧采样"是在发射器本身进行运动时，粒子在输出取样的过程中的有关选项。
- 选中"创建时间"复选框，粒子系统从创建开始就不受喷射作用的影响。
- 选中"发射器平移"复选框，发射器在场景中发生位移时，系统会在渲染过程中避免粒子受到喷射作用的影响。
- 选中"发射器旋转"复选框，发射器在场景中发生旋转时，可以避免粒子受到喷射作用的影响。

4）"粒子大小"选项组

"粒子大小"选项组用于设定粒子物体的大小。

- "大小"数值框用于设定粒子物体的大小，不过此粒子是系统生成的粒子，而非用户自定义的粒子物体。在暴风雪中，用户可以自定义某种物体作为粒子物体。
- "变化"数值框用于设定粒子间大小不同的差异值，这种差异实际上是相当小的。
- "增长耗时"数值框中的数值是粒子物体由开始发射到指定尺寸的时间。
- "衰减耗时"设定粒子物体由开始衰减到完全消失的时间。

5）"唯一性"选项组

"唯一性"选项组用于设定粒子产生时的外观布局，粒子开始发射时的布局是很随意的，这实际上是计算机为我们随机安排的一种布局。

- 单击"新建"按钮后，重新设定随机数值。
- "种子"数值框用于设定系统所取的随机数值。

3．"粒子类型"卷展栏

"粒子类型"卷展栏用于设定暴风雪粒子的类型。

1）"粒子类型"选项组

"粒子类型"选项组用于设定粒子的基本类型。"粒子类型"选项组中有"标准粒子"、"变形球粒子"和"实例几何体"3个粒子形式可供选择。

"标准粒子"是系统默认的粒子形式，这种粒子形式可以选择多种内部系统提供的方式，用户可以在下面的"标准粒子"栏中选择系统提供的方式。

"变形球粒子"可用来模拟液体形态的粒，如图8-11所示。

"实例几何体"这种方式实际上就是由用户指定粒子的形状，这样用户可以自行创建粒子的形状，如图8-12所示的为指定茶壶为粒子形状的结果。

图8-11　液状形态的粒子　　　　　　　　图8-12　指定茶壶为粒子形状

2）"标准粒子"选项组

"标准粒子"选项组提供了8种标准形式的粒子，如图8-13所示。

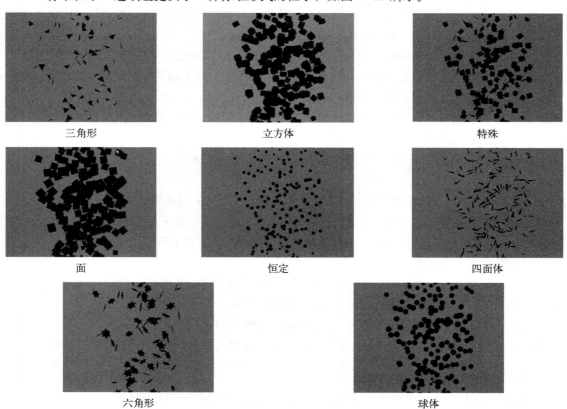

图8-13　"标准粒子"的形式

3）"变形球粒子参数"选项组

"变形球粒子参数"选项组用于设置用户选择这种方式的粒子形式时的相关参数。

- "张力"数值框用于设置变形粒子物体间的紧密程度，该参数值越大，代表粒子物体越容易结合在一起。
- "变化"数值框用于设定"张力"参数值的变化程度。
- "计算粗糙度"用于设定系统对于变形粒子的计算细节，此参数值越大，系统会忽略越多细节，缩短变形粒子物体的作业时间。
  - "渲染"和"视图"数值框可分别设定渲染结果和视图的粗糙值。
  - 选中"自动粗糙"复选框，系统会自动计算"粗糙值"的参数。
  - 选中"一个相连的水滴"复选框，系统会将所有的粒子结合成一个粒子。

4）"实例参数"选项组

"实例参数"选项组用于选中"实例几何体"粒子后的有关设置。"实例几何体粒子"是非常有用的一种粒子形式，在创作过程中，最大的乐趣便是自由，如果只能使用系统提供的几种形状，无疑会约束我们的思维。现在好了，我们可以创作出奔跑的兽群、飞翔的鸟类等大规模的集群物体了。

- 单击"拾取对象"按钮后，可以选中场景中的物体作为粒子物体。
- 选中"使用子树"复选框，选择的物体将包含连接关系，可以将子物体一并选中作为粒子物体。
- "动画偏移关键"是指当实例物体本身具有动画编辑的关键点时，用户可以设定的动画操作方式。具体有三种方式如下：
  - 单击"无"，实例物体的运动仍然采用原来本身的关键点。
  - 单击"产生"，设定实例粒子物体以第一个产生的粒子物体为依据，其后产生的粒子物体皆和此粒子物体的形态相同。
  - 单击"随机"，以随机形式来决定实例粒子物体的形态，用户可以配合"帧偏移"来设定变化的程度。
- "帧偏移"数值框可设定距离目前多少时间以后物体的形态。

5）"材质贴图和来源"选项组

"材质贴图和来源"选项组用于设定实例形式的粒子物体的材质来源。

- 选中"发射器适配平面"单选按钮后，粒子材质将与反射器平面匹配。
- 选中"时间"单选按钮后，可设定粒子自发射到材质完全表现的时间，具体时间在下面的数值框中进行设定。
- 选中"距离"单选按钮后，可设定粒子自发射到材质完全表现的距离。
- 单击"材质来源"按钮后，可以在场景中选择作为材质来源的物体。
- 单击"图标"单选按钮后，可以选择场景中物体的材质。
- 单击"实例几何体"单选按钮后，可设定材质来源为实例物体的材质。

4．"旋转和碰撞"卷展栏

"旋转和碰撞"卷展栏中用于设定有关粒子物体自身的旋转和碰撞的参数。

1）"自旋速度控制"选项组

"自旋速度控制"选项组用于设定粒子旋转运动的相关选项。

- "自旋时间"数值框用于粒子物体旋转的时间。
- "变化"数值框用于设定旋转效果的变化程度。
- "相位"数值框用于设定粒子物体旋转的初始角度。
- "变化"数值框用于设定相位的变化程度。

2）"自旋轴控制"选项组

"自旋轴控制"选项组用于设定粒子发生旋转作用时的轴向控制。

- 选择"随机"单选按钮后可随机选取旋转轴向。
- 选择"用户定义"单选按钮后，用户可以自行定义粒子的旋转轴向，下面的 X、Y、Z 轴相以及"变化"数值框可具体设定旋转轴向。

3）"粒子碰撞"选项组

"粒子碰撞"选项组用于设定各个粒子在运动过程中发生碰撞的有关设置。

- 选中"启用"复选框后，允许在粒子系统的生成过程中发生粒子碰撞事件。
- "计算每帧间隔"数值框用于设定每帧动画中粒子的碰撞次数。
- "反弹"数值框用于设定粒子碰撞后发生反弹的程度。
- "变化"数值用于设定粒子碰撞的变化程度。

5. "对象运动继承"卷展栏

"对象运动继承"卷展栏用于设定有关粒子物体在运动体系中的反应的选项。

- "影响"数值框用于设定粒子受到发射位向的影响程度，该数值越大，所受到的影响也就越大。
- "倍增"数值框用于设定粒子受到发射器位向的影响时的繁殖数量。
- "变化"数值框用于设定"倍增"的变化程度。

6. "粒子繁殖"卷展栏

"粒子繁殖"指的是这样一种现象，在粒子发生碰撞的情况下，会产生新的粒子，使用好这一类参数能够模仿出两个物体相撞的逼真效果。

1）"粒子繁殖效果"选项组

"粒子繁殖效果"选项组用于设定粒子碰撞后所产生的效果的相关选项。

- 选择"无"单选按钮后粒子物体在碰撞后不会产生任何效果。
- 选择"碰撞后消亡"单选按钮后可使粒子碰撞后消失。
- "持续"和"变化"数值框分别控制碰撞后存留的时间以及变化程度。
- 选择"碰撞后繁殖"单选按钮后，粒子物体会在破灭时产生新的次粒子物体。
- 选择"消亡后繁殖"单选按钮后，碰撞后的粒子物体会在移动时产生新的次粒子物体。
- 选择"繁殖拖尾"单选按钮后，碰撞后的粒子物体会沿运动轨迹产生新的次粒子物体。
- "繁殖数"数值框用于设定产生新的次粒子的数量。
- "影响"数值框用于设定有多少比例的粒子会产生新的次粒子。
- "倍增"数值框用于设定粒子在碰撞后会以多少倍率的数量产生新的次粒子。

- "变化"数值框可设定"倍增"参数变化程度。

2）"方向混乱"选项组

"方向混乱"选项组用于设定增生粒子物体在运动方向的随机程度。

3）"速度混乱"选项组

"速度混乱"选项组用于设定增生粒子物体在速度上的随机选项。

- "因子"数值框用于设定碰撞后粒子产生速度变化的要素值，当参数为0时不会产生任何变化。下面"慢"、"快"和"二者"3个单选按钮用于设定碰撞后粒子的速度变化趋势。
- 选中"继承父粒子速度"复选框后，新生的粒子物体以父粒子的速度作为变化的依据。
- 选中"使用固定值"复选框后，系统会以一固定的值作为速度的变化。

4）"缩放混乱"选项组

"缩放混乱"选项组用于设定粒子新生后在尺寸上的随机选项。

- "因子"数值框用于设定碰撞后粒子产生尺寸变化的要素值，当参数值为0时不会产生任何变化。下面"向下"、"向上"和"二者"3个单选按钮代表尺寸变化的3种趋势。
- 选中"使用固定值"复选框后，系统会以一固定的值作为尺寸的变化。

5）"寿命值队列"选项组

"寿命值队列"选项组用于让用户指定次粒子的生命周期。

- 单击"添加"按钮后，可将"生命"数值框所设定的参数增加到列表框中；单击"删除"按钮后，将删除生命列表框中的参数；单击"替换"按钮后，将替换生命列表框中的参数。
- "寿命"数值框中的数值是次粒子物体的生命值。

6）"对象变形队列"选项组

"对象变形队列"选项组中提供了在关联粒子物体以及次粒子物体间进行切换的能力。

- 单击"拾取"按钮后，可将场景中拾取物体加入到"对象变形队列"列表框中。
- 单击"删除"按钮后，可将"对象变形队列"列表框中的物体删除。
- 单击"替换"按钮后，可用选中的物体取代"对象变形队列"列表框中的物体。

7．"加载／保存预设"卷展栏

"加载／保存预设"卷展栏用于直接加载或保存先前设置好的参数。全部重新设置很复杂，而粒子系统描述的很多场景都是自然现象，在许多场合都比较类似，我们可以多次调用设置好的参数，从而大大提高工作效率。

"预设名"是预先设置好的参数资料名称。

- 单击"加载"按钮后可载入需要的参数资料。
- 单击"保存"按钮后可存储设置好的参数资料。
- 单击"删除"按钮后可将列表框中选中的参数资料删除。

8.1.4 "粒子阵列"粒子

"粒子阵列"同暴风雪一样，也可以将其他物体作为粒子物体，选择不同的粒子物体，我们可以利用粒子阵列轻松地创建出气泡、碎片或者是熔岩等特效。图8-14所示为利用"粒子阵列"制作出的"地雷爆炸"的碎片效果。

图8-14　"地雷爆炸"效果

打开粒子系统，单击"粒子阵列"按钮，即可看到"粒子阵列"的参数面板，如图8-15所示。

图8-15　"粒子阵列"参数面板

"粒子阵列"参数面板的参数解释如下：

1．"基本参数"卷展栏

"基本参数"卷展栏的参数与"暴风雪"的基本参数有所不同，在基本参数中，粒子阵列增加了一个拾取发射器的功能，在"暴风雪"粒子系统中，可以选择场景中的物体作为粒子物体，现在甚至可以选择粒子的发射器。单击"基于对象的发射器"选项组中的"拾取对象"按钮，就能够在场景中任意选择物体作为粒子发射器。

"粒子分布"选项组用于设定发射器的粒子发射编制方式。编制方式指的是粒子从发射器的什么部分发射出来，粒子阵列共有5种编辑方式：

- 单击"在整个曲面"单选按钮后，系统会设定粒子的发射位置为物体表面。
- 单击"沿可见边"单选按钮后，系统会设定粒子的可见沿边。
- 单击"在所有的顶点上"单选按钮后，系统会设定粒子的顶点。
- 单击"在特殊点上"单选按钮后，系统会设定粒子的特殊点。
- 单击"在面的中心"单选按钮后，系统会设定粒子的表面中心。

图 8-16 为 5 种情况的比较。

（a）在整个曲面　　　　　　　（b）沿可见边　　　　　　　（c）在所有的顶点上

（d）在特殊点上（此时设为5）　　　　　　　（e）在面的中心

图8-16　5种情况的比较

选中"使用选定子对象"复选框后，只将选中的物体的一部分作为物体发射的位置，如图 8-17 所示。

2．"气泡运动"卷展栏

"粒子阵列"与"暴风雪"相比，多了一个"气泡运动"卷展栏，在其中可以设定粒子物体气泡运动的相关参数。所谓"气泡运动"，就是物体在运动过程中自身的一些震动。

图8-17　选中"使用选定子对象"复选框后的效果

- "幅度"数值框中用于设定粒子进行左右摇晃的幅度。
- "变化"数值框用于设定"幅度"的变化程度。
- "周期"数值框用于设定粒子物体振动的周期。
- "变化"数值框用于设定"周期"的变化程度。
- "相位"数值框用于设定粒子在初始状态下距离喷射方向的位移。
- "变化"数值框用于设定"相位"的变化程度。

8.1.5 "粒子云"粒子

"粒子云"粒子适合于创建云雾，参数与"粒子阵列"基本类似，其中粒子种类有一些变化。系统默认的粒子云系统是静态的，如果想让设计的云雾动起来，可通过调整一些参数来录制动画。

打开粒子系统，单击"粒子云"按钮，即可看到"粒子云"粒子的参数面板，如图 8-18 所示。

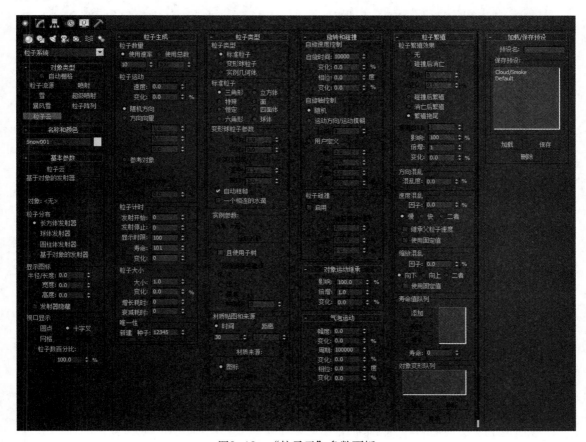

图8-18 "粒子云"参数面板

"粒子云"参数面板的参数解释如下：

1. "基本参数"卷展栏

"基本参数"卷展栏的参数解释如下：

- 激活"拾取对象"按钮，可以在场景中选择物体作为发射器的基体。当在"粒子分布"选项组中选择了"基于对象的发射器"单选按钮时才有效。
- 单击"长方体发射器"，将选用一个长方体形状的发射器，如图 8-19 所示。
- 单击"球体发射器"，将选用球形发射器，如图 8-20 所示。

图8-19 长方体发射器

图8-20 球体发射器

- 单击"圆柱体发射器"，将选用圆柱形发射器，如图8-21所示。
- 单击"基于对象的发射器"，会将选取的物体作为发射器，如图8-22所示。

图8-21 圆柱体发射器

图8-22 基于对象的发射器

- "显示图标"选项组用于调整发射器图标的大小。"半径／长度"用于调整球形或圆柱形的半径和长方体的长度；"宽度"用于调整长方体发射器的宽度；"高度"用于调整长方体发射器的高度。
- 选中"发射器隐藏"复选框将在视图中隐藏发射器。

2."粒子生成"卷展栏

"粒子生成"卷展栏的参数解释如下：

- "速度"数值框用于设置粒子发射时的速度。如果想得到正确的容器效果，应将速度设为0。
- "变化"数值框用于设置发射速度的变化百分数。
- 单击"随机方向"，可控制粒子发射方向为任何方向随机发射。
- 单击"方向向量"，可由X/Y/Z组成的矢量控制发射方向。
- 单击"参考对象"，将沿指定的对象的Z轴发射粒子。
- "变化"数值框可控制方向变化的百分比。

8.1.6 "超级喷射"粒子

"超级喷射"是"喷射"的增强粒子系统，它可以提供准确的粒子流。它与"喷射"粒子的参数基本相同，不同之处在于它自动从图标的中心喷射而出，而超级喷射并不需要发射器。超级喷射用来模仿大量的群体运动，电影中常见的奔跑的恐龙群、蚂蚁奇兵等都可以用此粒子系统制作。

打开粒子系统，单击"超级喷射"按钮，即可看到"超级喷射"粒子的参数面板，如图 8-23 所示。图 8-24 所示为以茶壶作为发射粒子的效果。

图8-23　"超级喷射"参数面板

图8-24　以茶壶作为发射粒子的效果

8.1.7 "粒子流源"粒子

我们所说的高级粒子系统，也就是"粒子流源"粒子。它的创建方法没有特别之处，与其他粒子系统一样。

打开粒子系统，单击"粒子流源"按钮，即可看到"粒子流源"粒子的参数面板，如图8-25所示。

"粒子流源"粒子与先前介绍的粒子系统最为不同的一点是它有一种"事件触发"类型的粒子系统。也就是说，它生成的粒子状态可以由其他事件引发而进行改变。

这个特性大大地增强了粒子系统的可控性，从效果上来说，它可以制作出千变万化、真实异常的粒子喷射场景。当然，它的使用方法也是最为复杂的。

"粒子流源"参数面板的参数解释如下：

1．"设置"卷展栏

"设置"卷展栏用于设置"粒子流源"有关属性的参数，当然，它的属性是非常复杂的，这里实际上只有一个"粒子视图"按钮，单击这个按钮后，会弹出"粒子视图"面板。对"粒子流源"粒子的设置可在这个面板中进行。

选中"启用粒子发射"复选框后，系统中设置的"粒子视图"才发生作用。

2．"发射"卷展栏

"发射"卷展栏用于设置发射器的有关参数。

图8-25　"粒子流源"参数面板

- "徽标大小"用于设置发射器中间的选循环标记的大小。
- "图标类型"则用于设置发射器图标的形状，在下拉式列表框中有"长方形"、"长方体"、"圆形"和"球体"4种选择。
- "长度／宽度"分别代表发射器图标的长度和宽度，这个参数是随着所选择的发射器图标形状不同而变化。
- "数量倍增"选项组中可以设置视图中和渲染时粒子生成数量的比率，粒子系统中都有这个参数，是为了控制视图中或者观察初步渲染效果时的粒子数量，以提高显示和渲染速度。

3．"粒子视图"面板

"粒子流源"粒子是一种"事件触发"类型的粒子系统，具体的设置都在"粒子视图"中进行，单击"粒子视图"按钮，就会弹出"粒子视图"面板，如图8-26所示。

"粒子流源"粒子的使用方法比较复杂，对它的掌握关键在各种操作和测试的使用。当然，要制作出高水平的粒子发射动画，还需要有大量的经验，对日常生活中各种自然现象的细致观察是必不可少的。

菜单栏
事件栏
属性设置
操作列表
视图调整按钮

图8-26　"粒子视图"面板

在"粒子视图"中，系统设置了一些常用的"操作图标"，将某个操作拖动到事件栏中，可以创建"事件"，也可以加入到某个已经存在的"事件"中。选中事件中的操作，左右边的属性栏中，可以设置这个操作所包含的属性。测试也在操作列表中，图标为黄色，它的加载方法与操作完全相同。通过菜单栏，或者是右键快捷菜单同样可以实现删除、插入、追加等操作。

"测试"前面有"分支"，用鼠标可以将"分支"与另一个"事件"相连，系统自动根据测试结果，判断"事件"的流程。

8.2　空 间 扭 曲

"空间扭曲"工具是 3ds Max 系统提供的一个外部插入工具，通过它可以影响视图中移动的对象以及对象周围的三维空间，最终影响对象在动画中的表现。

3ds Max 2016 中空间扭曲工具分为 6 类，它们分别是力、导向器、几何／可变形、基于修改器、reactor、粒子和动力学，如图 8-27 所示。

空间扭曲看起来有些像修改器，但是空间扭曲影响的是世界坐标，而修改器影响的却是物体自己的坐标。

当创建一个空间扭曲物体时，在视图中显示的是一个线框符号，可以向别的物体一样对空间扭曲的符号进行变形处理，这些变形都可以改变空间扭曲的作用效果。

创建空间扭曲的方法如下：

（1）单击创建面板中的空间扭曲面板，在下拉列表中选择合适的类别。

（2）选择要创建的空间扭曲工具按钮。

（3）在视图中拖动鼠标，即可生成一个空间扭曲工具图标。

使用空间变形的方法如下：

（1）创建一个空间扭曲对象。

（2）利用工具栏上的■按钮，将物体绑定到空间扭曲对象上。

（3）调整扭曲的参数。

（4）对空间扭曲进行平移、旋转、比例缩放等调整。

下面我们以"力"类型为例说明一下参数。3ds Max 2016中"力"空间扭曲面板包括9种力。它们分别是：推力、马达、漩涡、阻力、粒子爆炸、路径跟随、风、置换和重力，如图8-28所示。

图8-27　"空间扭曲工具"的种类

图8-28　"力"面板

8.2.1　重力

"重力"是我们经常说的重力系统，它用于模拟自然界的重力，可以作用于粒子系统或动态效果。它的参数面板如图8-29所示。"重力"面板的参数解释如下：

1．"支持对象类型"卷展栏

"支持对象类型"卷展栏有"粒子类型"和"动态效果"两种重力支持的类型。

2．"参数"卷展栏

"参数"卷展栏的参数解释如下：

1）"力"选项组

- "强度"数值框用于定义重力的作用强度。
- "衰退"数值框用于设置远离图标时的衰减速度。
- 单击"平面"单选按钮，将使用"平面"力场，平面力场可使粒子系统喷射的粒子或物体沿箭头方向运动。
- 单击"球形"单选按钮，将使用"球形"力场，球形力场将吸引粒子或物体向球形符号运动。

图8-30为所示为"平面"力场和"球形"力场的比较。

图8-29 "重力"参数面板

图8-30 "平面"和"球形"力场的比较

2)"显示"选项组

- 选中"范围指示器"复选框,当"衰减"值大于0时,用于指示力场衰减在什么位置衰减到了原来的一半。
- "图标大小"数值框可定义图标的大小。

8.2.2 风

"风"用于模拟风吹对粒子系统的影响,粒子在顺风的方向加速运动,在迎风的方向减速运动。风与重力系统非常相像,风增加了一些自然界中风的特点,比如气流的紊乱等。它的参数面板如图8-31所示。大部分参数与重力系统相同,我们这里只说明一下"风力"选项组。

- "湍流"用于定义风的紊乱量。
- "频率"用于定义动画中风的频率。
- "比例"用于定义风对粒子的作用程度。

图8-31 "风"参数面板

8.2.3 置换

"置换"空间扭曲可以模拟力场对物体表面的三维变形效果,与"置换"修改器效果类似。它的参数面板如图8-32所示。

"置换"空间扭曲的"参数"卷展栏的参数解释如下:

1. "置换"选项组

- "强度"数值框用于设置"置换"工具的作用效果,当值为0时,没有效果,值越大效果越明显。
- "衰退"数值框用于设置作用效果在一定距离内衰减到0。
- 选中"亮度中心"复选框将使用"亮度中心"。
- "中心"数值框用以设置以哪一级灰度值作为亮度中心值,缺省值是50%。

2．"图像"选项组

"图像"选项组用于选择图像作为错位影响。

- "无"按钮可以指定一幅用于置换效果图片。
- "移除位图"按钮用于去除该图片。
- "模糊"数值框用于定义图像的模糊程度，以便增加错位的真实感。

3．"贴图"选项组

"贴图"选项组用于定义所采用的贴图类型。

- "平面"、"柱形"、"球形"和"收缩包裹"用于控制将图片以何种方式映射为置换效果。
- "长度"、"宽度"和"高度"数值框用于控制空间扭曲工具的大小，高度并不影响平面贴图效果。
- "U／V／W向平铺"用于控制在 UVW 平面上的平铺。

8.2.4 粒子爆炸

"粒子爆炸"空间扭曲用于产生一次冲击波使粒子系统发生爆炸。它的参数面板如图 8-33 所示。

"粒子爆炸"空间扭曲的"基本参数"卷展栏的参数解释如下：

图8-32 "置换"参数面板

1．"爆炸对称"选项组

- "球形"、"柱形"和"平面"用于控制不同的爆炸对称类型。
- "混乱度"数值框用于设置爆炸的混乱程度。

2．"爆炸参数"选项组

该选项组用于设置爆炸的参数。

- "开始时间"数值框用于设置爆炸发生的时间帧数。
- "持续时间"数值框用于定义爆炸持续的时间。
- "强度"数值框用于设定爆炸的强度。
- 单击"无限范围"表示爆炸影响整个场景范围。
- 单击"线性"表示爆炸力量以线性衰减。
- 单击"指数"表示爆炸力量以指数衰减。
- "范围"数值框用于确定爆炸的范围，它从空间扭曲的图标中心开始计算。

图8-33 "粒子爆炸"参数面板

8.2.5 漩涡

"漩涡"空间扭曲应用于粒子系统，会对粒子施加一个旋转的力，使它们形成一个漩涡，类似龙卷风。可以很方便地创建黑洞、漩涡或漏洞状的物体。它的参数面板如图 8-34 所示。

"漩涡"空间扭曲的"参数"卷展栏的主要参数解释如下：

1. "旋涡外形"选项组

"旋涡外形"选项组用于控制漩涡的大小形状。

- "锥化长度"用于控制漩涡的长度，较小的值会使漩涡看起来比较紧，而大的值可以得到稀松的漩涡。
- "锥化曲线"用于控制漩涡的外形，小值时的漩涡开口比较宽达，大的值可以得到几乎垂直的入口。

2. "捕捉和运动"选项组

"捕捉和运动"选项组包含了一系列对漩涡的控制。

- 选中"无限范围"复选框，漩涡将在无限范围内发挥作用。
- "轴向下拉"数值框用于控制粒子在漩涡内沿轴向下落的速度。
- "范围"数值框用于定义轴向阻尼具有完全作用的范围。
- "衰减"数值框用于定义用于定义在轴向阻尼的完全作用范围之外的分布范围。
- "阻尼"数值框用于定义轴向阻尼。
- "轨道速度"用于控制粒子旋转的速度。
- "径向拉力"用于控制粒子开始旋转时与轴的距离。

3. "显示"选项组

"显示"选项组用于控制视图中图标的显示大小。

图8-34 "漩涡"参数面板

8.2.6 阻力

"阻力"空间扭曲其实就是一个粒子运动阻尼器，在指定的范围内以特定的方式减慢粒子的运动速度，可以是线性的、球状的或圆柱形的。在模拟风的阻力或粒子在水中的运动时有很好的效果。它的参数面板如图 8-35 所示。

"阻尼特性"选项组是它特有的选项组，"阻尼特性"选项组可以选择不同的阻尼器形式，以及一系列的参数设置。它的参数解释如下：

- 选中"无限范围"复选框，阻尼效果将在无限的范围内以相同的大小作用，不选中择"范围"和"衰减"就会起作用。
- 单击"线性阻尼"，会根据阻尼工具的本身坐标定义一个XYZ矢量，没个粒子都要受到垂直于这个矢量的平面的阻尼，阻尼平面的厚度由"范围"决定。
  - ➢ "X／Y／Z轴"用于分别定义在阻尼工具的本身坐标方向上影响粒子的程度，也就是粒子在阻尼工具本身坐标轴方向上受到的阻尼程度。
  - ➢ "范围"数值框用于定义阻尼平面的厚度，在此平面厚度内，阻尼作用是 100% 的。

图8-35 "阻力"参数面板

➢ "衰减"数值框用于定义阻尼在"范围"以外，以线性规律衰减的范围。

- 单击"球形阻尼"，阻尼器图标显示为两个同心的球，离子的运动被分解为径向和切向，球形阻尼分别在这两个方向对粒子施加作用，作用范围由相应的"范围"和"衰减"确定。
- 单击"柱形阻尼"后，阻尼器图标显示为两个套在一起的圆柱，阻尼工具分别在"径向"、"切向"和"轴"对粒子施加作用，作用范围分别由相应的"范围"和"衰减"确定。

8.2.7 路径跟随

"路径跟随"空间扭曲可使粒子沿着某一条曲线路径运动。它的参数面板如图 8-36 所示。

"路径跟随"空间扭曲的"基本参数"的参数解释如下：

1. "基本参数"选项组

该选项组用于选择作为样条曲线路径的物体。

- 单击"拾取图形对象"按钮可以在视图中指定某个对象作为路径。
- 选中"无限范围"复选框后，"范围"数值框将不可使用。
- "范围"数值框用于指定从路径到粒子的距离。

2. "运动计时"选项组

"运动计时"选项组用于设置运动的时间参数。

- "开始帧"数值框用于确定粒子开始跟随路径运动的起始时间。
- "通过时间"数值框用于确定粒子通过整个路径需要的时间帧数。
- "变化"数值框用于设置粒子随机变化的比率。
- "上一帧"数值框用于确定粒子不再跟随路径运动的时间。

3. "粒子运动"选项组

"粒子运动"选项组用于控制粒子沿路径运动的方式。

图8-36　"路径跟随"参数面板

- 单击"沿偏移样条线"表示粒子沿着与原样条曲线有一定偏移量的样条曲线运动。
- 单击"沿平行样条线"表示所有粒子从初始位置沿着平行于路径的样条曲线运动。
- 选中"恒定速度"复选框表示粒子以相同的速度运动。
- "粒子流锥化"数值框用于设置粒子在一段时间内从路径移开的幅度。
- 单击"会聚"，所有的粒子在运动时汇聚在路径上。
- 单击"发散"，所有的粒子在运动时沿路径越来越分散。
- 单击"二者"，粒子在运动时产生两种效果。
- "漩涡流动"数值框用于设定粒子绕路径旋转的圈数。

● "顺时针"、"逆时针"和"双向"用于控制粒子运动的方向。

4."唯一性"选项组

"唯一性"选项组中的"种子"数值框用于为当前的路径跟随效果设置一个随机的种子数。

8.3 实 例 讲 解

本节将通过"制作吹出的泡泡效果"和"制作倒水的茶壶效果"2个实例来讲解空间扭曲与粒子系统在实践中的应用。

8.3.1 制作吹出的泡泡效果

 要点

本例将制作吹出的泡泡动画，如图8-37所示。通过本例的学习，应掌握"超级喷射"粒子的具体应用。

图8-37 吹出的泡泡动画

 操作步骤：

（1）单击菜单栏左侧的快速访问工具栏中的 按钮，然后从弹出的下拉菜单中选择"重置"命令，接着在弹出的对话框中单击"确定"按钮，重置场景。

（2）单击 （创建）面板下 （几何体）中的 标准基本体 下拉列表，从中选择 粒子系统 ，进入创建粒子系统状态。然后单击 超级喷射 按钮，如图8-38所示。接着在顶视图中创建一个"超级喷射"粒子系统，如图8-39所示。

图8-38 单击"超级喷射"按钮 　　图8-39 在顶视图中创建一个"超级喷射"粒子系统

（3）制作泡泡飞出的角度。方法：进入 （修改）面板，然后在"基本参数"卷展栏中设置参数如图 8-40 所示。

图8-40 设置泡泡飞出的角度

（4）制作泡泡。方法：单击 （创建）面板下 （几何体）中的 球体 按钮，在顶视图中创建一个球体，参数设置如图 8-41 所示。然后选中喷射粒子，进入 （修改）面板，展开"粒子类型"卷展栏，单击"实例几何体"，再单击 拾取对象 按钮后拾取视图中球体，从而将球体作为泡泡粒子。接着为了在视图中观看球体替换粒子的效果，下面在"基本参数"卷展栏中单击"视口显示"选项组中的"网格"，如图 8-42 所示。

图8-41 设置球体参数   图8-42 将球体作为泡泡粒子

（5）下面选择透视图，单击工具栏中的 （渲染产品）按钮，渲染后效果如图 8-43 所示。

（6）此时泡泡过于集中，下面通过调整粒子发射的速度来解决这个问题。方法：展开"粒子生成"卷展栏，设置参数如图 8-44 所示，然后再次渲染，结果如图 8-45 所示。

图8-43 渲染后效果

图8-45 再次渲染效果　　　　　图8-44 设置速度参数

（7）此时泡泡尺寸过小，下面在"粒子生成"卷展栏的"粒子大小"选项组中将"大小"由1改为5，如图8-46所示，然后再次渲染，结果如图8-47所示。

图8-46 设置粒子大小　　　　　图8-47 渲染后效果

（8）制作泡泡材质。方法：单击工具栏上的 按钮，进入材质编辑器。然后选择一个空白的材质球，设置参数如图8-48所示。再将材质赋予视图中的超级喷射粒子，最后单击工具栏中的 （渲染产品）按钮，渲染后效果如图8-49所示。

（9）下面创建一个圆柱体作为吹出泡泡的小管子，然后进行渲染，最终结果如图8-50所示。

图8-48　设置材质参数

图8-49　渲染后效果

图8-50　吹出的泡泡

8.3.2　制作倒水的茶壶效果

 要点

本例将制作动态的茶壶倒水效果，如图 8-51 所示。通过本例的学习，应掌握"喷射"粒子、"重力"和"导向板"的综合应用，以及使用"布尔"运算命令制作复合物体茶杯造型的方法。

图8-51　动态的茶壶倒水效果

操作步骤：

1. 创建茶杯和茶壶造型

（1）单击菜单栏左侧的快速访问工具栏中的 按钮，然后从弹出的下拉菜单中选择"重置"命令，接着在弹出的对话框中单击"确定"按钮，重置场景。

（2）单击 （创建）面板下 （几何体）中的 圆柱体 按钮，在顶视图中创建一个圆柱体，参数设置及结果如图 8-52 所示。

图8-52 创建一个圆柱体

（3）将圆柱体命名为"茶杯1"，然后进入 （修改）面板，执行修改器下拉列表中的"锥化"命令，参数设置及结果如图 8-53 所示。

图8-53 锥化效果

（4）复制茶杯。方法：右击视图中的"茶杯1"模型，然后在弹出的对话框中设置如图 8-54 所示，单击"确定"按钮。此时原地复制了一个名称为"茶杯2"的茶杯模型。

（5）为了便于观察结果，选择工具栏上的 （选择并移动）工具，将复制后的茶杯模型移出来，结果如图 8-55 所示。

（6）选择视图中的"茶杯2"模型，在 （修改）的修改列表框中选择圆柱体，修改参数如图 8-56 所示。

图8-54　单击"复制"选项

图8-55　复制后效果

（7）利用 （对齐）工具将"茶杯 2"模型与"茶杯 1"模型中心对齐，然后在左视图中将"茶杯 2"模型向上移动一段距离，如图 8-57 所示。

图8-56　修改"茶杯2"半径

图8-57　将"茶杯2"模型放入"茶杯1"模型中

（8）选择"茶杯 1"模型，单击 ■（创建）面板下 ●（几何体）中 复合对象 ▼ 下拉列表内的 布尔 按钮，然后在"操作"选项组中单击"差集（A–B）"，再单击 拾取操作对象B 按钮后拾取场景中的"茶杯 2"模型，结果如图 8-58 所示。

（9）单击 ■（创建）命令面板下 ●（几何体）中的 茶壶 按钮，在顶视图中创建一个茶壶，参数设置及结果如图 8-59 所示。

图8-58　"布尔"后效果

图8-59　创建一个茶壶体

（10）制作桌面。单击 ⬡（创建）面板下 ●（几何体）中的 长方体 按钮，在顶视图中创建一个长方体作为桌面，放置位置如图 8-60 所示。

图8-60　创建一个长方体作为桌面

2．创建茶壶中水流造型

下面通过"喷射"粒子系统创建茶壶的水流，并通过"重力"和"导向板"扭曲对象确定水流的方向和位置。

（1）单击 ⬡（创建）面板下 ●（几何体）中 粒子系统 ▼ 下拉列表内的 喷射 按钮，在视图中创建一个"喷射"粒子系统，如图 8-61 所示。

（2）利用工具栏上的 ✛（选择并移动）和 ◐（选择并旋转）工具将粒子的发射方向调整到向上，并移到茶壶嘴边，如图 8-62 所示。

图8-61　创建"喷射"粒子系统

图8-62　调整"喷射"粒子的位置和方向

（3）选择视图中的"喷射"粒子，利用工具栏上的 ⬓（选择并链接）工具，将其链接到茶壶对象上。此时移动茶壶可以看到粒子跟随茶壶一起移动。

（4）现在给水流创建一个地球引力使水流向下。方法：单击 ⬡（创建）面板下 ≋（空间扭曲）中的 重力 按钮，然后在顶视图中创建一个重力矩形图标，设置参数如图 8-63 所示。

（5）选择工具栏上的 ⬓（绑定到空间扭曲）工具，将视图中的"喷射"粒子捆绑到"重力"上。此时水流受到重力影响向下流动，如图 8-64 所示。

图8-63　创建一个重力　　　　　　　　图8-64　将"喷射"粒子捆绑到"重力"上的效果

3．录制动画

（1）在第 0 帧设置场景如图 8-65 所示。

（2）单击动画控制区中的 自动关键点 按钮，打开动画录制器，将时间滑块移到 30 帧，移动茶壶到图 8-66 所示的位置。然后再次单击 自动关键点 按钮，关闭动画录制器。

图8-65　第0帧场景　　　　　　　　　　图8-66　第30帧场景

（3）此时水流在第 0 ～ 30 帧就开始流下，如图 8-67 所示，这是不正确的。为了解决这个问题，需进入 （修改）的 Spray 级别，将"开始"由 0 改为 30，如图 8-68 所示。

（4）将时间滑块移动到第 100 帧，会发现水流会穿透茶杯，如图 8-69 所示。为了解决这个问题需添加一个"导向板"，将水流挡在茶杯内。方法：单击 （创建）面板下 （空间扭曲）中的 导向器 下拉列表内的 导向板 按钮，在顶视图中创建一个导向板，放置位置及参数设置如图 8-70 所示。

图8-67　水流在第0～30帧就开始流下的效果

图8-68　改变"开始"参数

图8-69　第100帧效果

图8-70　创建一个导向板

（5）选择工具栏上的 （绑定到空间扭曲）工具，将视图中的"喷射"粒子捆绑到导向板上。此时导向板会挡住透过茶杯的粒子，如图 8-71 所示。

图8-71　喷射粒子受导向板影响的效果

（6）激活动画控制区中的 自动关键点 按钮，将时间滑块移到30帧，设置"喷射"粒子的"水滴大小"为3.5；然后将时间滑块移到80帧，设置"喷射"的"水滴大小"为0。接着再次单击 自动关键点 按钮，关闭动画录制器。

（7）制作茶壶倒水后复位动画。方法：选择视图中的茶壶，在时间轴上按下【Shift】键，将第0帧复制到第100帧，第30帧复制到第80帧，如图8-72所示。

图8-72　复制关键帧

（8）执行菜单中的"渲染|渲染设置"命令，将文件渲染输出"倒水茶壶 .avi"文件。

课 后 练 习

1．填空题

（1）3ds Max 2016中粒子系统共有7种粒子，它们分别是：_____、_____、_____、_____、_____、_____和_____。

（2）"暴风雪"粒子类型有_____、_____和_____3个粒子形式可供选择。

2．选择题

（1）下列属于3ds Max 2016中空间扭曲工具的是_____。

　　A．重力　　　　　　B．风　　　　　　C．置换　　　　　　D．漩涡

（2）利用_____制作出的"地雷爆炸"是有厚度的碎片效果。

　　A．超级喷射　　　　B．粒子阵列　　　C．雪　　　　　　　D．粒子云

3．问答题 / 上机题

（1）简述"喷射"粒子的各参数的含义。

（2）练习1：制作图8-73所示的喷泉效果。

（3）练习2：制作图8-74所示的小球穿过木板后的爆炸效果。

图8-73　练习1效果

图8-74　练习2效果

第9章

视频后期处理

通过前面各章的学习，我们制作出来的只是一些半成品，只有经过视频后期处理的深加工（主要指编辑片段、音效搭配以及添加各种滤镜特效）才能实现最终的动画效果。通过本章学习应掌握以下内容：

- "视频后期处理"界面构成。
- "视频后期处理"中常用滤镜的使用方法。

9.1　"视频后期处理"界面介绍

后期制作是三维动画制作的最后一个步骤，利用它可以制作出令人难以置信的动画效果。后期制作的目的是剪接样片、配合声音效果以及增加镜头特效。3ds Max是通过自带的视频后期处理来完成此项工作的。

3ds Max 2016中"视频后期处理"的工作方法是：先将场景调入编辑队列中，再加入针对此场景的事件，最后将编辑效果输出。

执行菜单中的"渲染|视频后期处理"命令，即可进入视频后期处理界面。

视频后期处理界面分为5个区域，它们分别是：编辑工具栏、队列视图、时间编辑视图、视图控制工具和状态栏，如图9-1所示。

图9-1　"视频后期处理"对话框

1．编辑工具栏

编辑工具栏提供了视频后期处理编辑所需要的全部工具。

■（新建序列）：新建影响后期制作序列。

■（打开序列）：打开用户指定的序列。

（保存序列）：将当前编辑的序列存盘。

（编辑当前事件）：对当前编辑的事件进行设定。

（删除当前事件）：删除当前选中的事件。

（交换事件）：将选中的两个事件的顺序相互交换。

（执行序列）：将编辑好的序列渲染输出。

（编辑范围栏）：选定编辑的范围。

（将选定项靠左对齐）：将队列中的所有选中事件左对齐，使其能够在同一时间开始。

（将选定项靠右对齐）：将队列中的所有选中事件右对齐，使其能够在同一时间结束。

（使选定项大小相同）：将队列中的选取事件的作业时间长度设为相同。

（关于选定项）：使选中的两个事件靠在一起，目的是这两个事件能够连续执行。

（添加场景事件）：在队列中增加一个作业场景。这个操作一般最先操作。

（添加图像输入事件）：在动态影像中加入静态影像作为特殊效果。

（添加图像过滤事件）：在影像中加入滤镜特殊效果。

（添加图像分层事件）：用于两个子级事件以某种特殊方式与父级事件合成在一起。

（添加图像输出事件）：系统能将事件以不同的格式进行输出，用户可指定要存储的文件及位置。

（添加外部事件）：弹出外部的等距离进行协助工作。

（添加循环事件）：系统会在影像中加入循环处理效果。

2．队列视图

"视频后期处理"对话框左侧区域为队列视图，队列视图中以分支树的形式列出了后期处理序列中包括的所有事件。

事件就是编辑的内容，通常一个完整的后期制作至少需要三个事件：场景事件、滤镜时间和输出事件。

- 场景事件：调入需要进行后期制作的场景。
- 滤镜事件：对场景物体进行影像处理的有关设置。
- 输出事件：将编辑好的场景进行输出。

3．时间编辑视图

"视频后期处理"对话框右侧区域为时间编辑视图，视图中深蓝色的范围线表示事件作用的时间段。当选中某个事件以后，编辑窗口中对应的范围线会变成红色。

选择多条范围线可以进行各种对齐操作。双击某个事件的范围线，可以利用它的参数控制面板进行参数设置。

范围线两端的方块标志了该事件的最初一帧和最后一帧，拖动两端的方块可以加长和缩短事件作用的时间范围，拖动两端方块之间的部分则可以整体移动范围线。当范围线超出了给定的动画帧数时，系统性会自动添加一些附加帧。

4．视图控制工具

视图控制工具主要用于控制时间编辑视图的显示。

（平移）：可以将时间编辑视图上下左右移动，方便观察。

（最大化显示）：将队列中所有事件的编辑线条在时间编辑视图中最大化显示。

（缩放时间）：选择该工具后，可以在时间视图中左右移动鼠标指针来缩放时间。

（缩放区域）：选该工具后，可以对动画轨迹进行缩放，对时间轨迹进行水平缩放，用鼠标上下位移，来查看看不见的全局时间区域。

5．状态栏

"状态栏"位于视图控制工具左方，其中各个数值框中的数值意义如下：S（Star）代表起始帧；E（End）代表结束帧；F（Frame）代表目前的编辑的帧总数；W（Width）代表输出影像的宽度；H（Height）代表输出影像的高度。

9.2　滤镜特效类型

3ds Max 2016中有12种滤镜特效，分别为：底片、对比度、简单擦除、简单混合合成器、镜头效果高光、镜头效果光斑、镜头效果光晕、镜头效果焦点、衰减、图像Alpha、伪Alpha、星空。下面我们主要讲解镜头效果高光、镜头效果光斑、镜头效果光晕3种常用的滤镜特效。

9.2.1　镜头效果高光

"镜头效果高光"可以制作明亮的、星形的高光区。可以在有光泽的材质对象上使用该效果。比如：一个吊灯的金属边缘闪闪发光，如图9-2所示。用户可以决定物体的哪一部分将被添加高光效果，还可以决定这些高光效果将会如何被应用。

1．添加"镜头效果高光"滤镜的方法

执行菜单中的"渲染|视频后期处理"命令，单击 （添加场景事件）按钮，在弹出的对话框中选择渲染视图，如图9-3所示，单击"确定"按钮。然后单击 （添加图像过滤事件）按钮，在弹出的对话框中选择"镜头效果高光"滤镜，如图9-4所示，单击"确定"按钮。

图9-2　吊灯边缘添加了镜头效果高光

图9-3　设置需要合成的视图

图9-4　选择镜头效果高光滤镜

2．操作界面

在"队列视图"中双击"镜头效果高光"滤镜，在弹出的"编辑图像过滤事件"对话框中单击"设置"按钮，弹出"镜头效果高光"对话框。单击"预览"按钮，预览结果如图9-5所示。

"镜头效果高光"滤镜参数设置面板上部分为预览区域，在预览区域里可以实时看到滤镜设置的效果。3d Max将使用默认的场景来表现滤镜的效果。按下"VP队列"按钮后，在"属性"面板中选择事先设定好的"对象ID"号或"效果ID"号，这时预览窗口内会显示具体场景中的效果。

1）"属性"选项卡

属性选项卡包括"源"和"过滤"两个选项组。

（1）"源"选项组中，可以应用一个镜头效果高光到场景中任何"G缓冲区"数据所对应的对象上。

图9-5　"镜头效果高光"对话框

- 选中"全部"选项后会将镜头效果高光应用到整个的场景，不只是一个单独的几何体。

- 选中"对象ID"选项后会将镜头效果高光应用到一个场景中对应的对象ID号的对象上。指定物体ID号的方法是选中对象，然后右击，在弹出的"对象属性"对话框中设定物体ID号，如图9-6所示。

- 选中"效果ID"选项后会将镜头效果高光应用到具有一个效果ID号的对象上。指定效果ID号是通过在材质编辑器中分配给材质一个材质效果通道，如图9-7所示。

图9-6　指定对象ID号

图9-7　指定材质ID号

- 选中"非钳制"选项，当场景包含明亮的金属高光区或爆炸的时候，3ds Max 将跟踪这些容易出现"热区"的像素点。微调器让用户决定被选定作为镜头效果高光的像素的最低亮度值。纯粹的白色对应一个"I"的值。当这个微调器被设定成"I"的时候，任何一个像素在具有高于 255 的亮度时都将会发光。

- 选中"曲面法线"选项，将基于对象表面法线和摄像机的角度来选择镜头效果高光。一个 0 的值是与屏幕平行的面；一个 90 的值则是正交的，也就是屏幕的垂直线；如果设定为 45，则只有法线角度比 45° 大的表面将会发光。

- "遮罩"是指高光图像的蒙版通道。微调器的数值代表了一个蒙版中灰色的层次。当这个参数被设定的时候，蒙版图像中任何灰度值比这个值大的像素都会在最后的图像中发光。可以通过单击右边的"I"按钮反转这个值。它的取值范围是 0 ～ 255。

- Alpha 选项是指图像的 Alpha 通道，它的作用与图像蒙版通道相反。

- "Z 高"和"Z 低"选项，是根据一个物体到摄像机的距离来设置镜头效果高光。"Z 高"是最大的距离，"Z 低"是最小的距离。在它们之间的任何对象将会被选定为镜头效果高光。

（2）"过滤"选项组用于对高光区进行进一步的过滤。比如：场景中有两个物体都具有相同的对象 ID 号，但是有不同的颜色。如果设定镜头效果高光为对象 ID1，那么镜头效果高光将只被应用到这两个物体上。而"过滤"选项组可以使我们控制镜头效果高光具体应用到哪个物体上。它包括"全部"、"周边 Alpha"、"边缘"、"周边"、"亮度"和"色调"6 个选项组。

- 选中"全部"选项后，场景中所有的像素都将应用镜头效果高光。

- 选中"周界 Alpha"选项后，将以对象的 Alpha 通道为基础应用镜头效果高光。

- 选中"边缘"选项后，将选择所有的边缘像素应用一个镜头效果高光。

- 选中"周界"选项后，将只对对象边缘的外边应用镜头效果高光。

- 选中"亮度"选项后，可根据微调器重设定的一个亮度值，过滤镜头效果高光对象。

- 选中"色调"选项后，可根据对象的色调过滤镜头效果高光。

图 9-8 为 6 种选项的比较图。

（a）选中"全部"选项

（b）选中"周界 Alpha"选项

（c）选中"边缘"选项

（d）选中"周界"选项

（e）选中"亮度"选项

（f）选中"色调"选项

图9-8 "过滤"选项组6个选项的比较

2）"几何体"选项卡

"几何体"选项卡包括"效果"、"变化"和"旋转"三个选项组，如图9-9所示。

（1）"效果"选项组用于设置"镜头效果高光"的"角度"和"钳位"。

- "角度"用于设定镜头效果高光的角度，图9-10所示为不同"角度"值的比较。
- "钳位"用于设定需要存在多少个像素才可以创建一个镜头效果高光，图9-11所示为不同"钳位"值的比较。

图9-9　"几何体"选项卡

（a）角度为30°

（b）角度0°

图9-10　不同"角度"的比较

（c）钳位为"100"

（d）钳位为"1"

图9-11　不同"钳位"的比较

- 激活"交替射线"按钮，可改变高光点周围光线的长度，它是以光线的完整长度为基础，根据微调器中的数值设置变化的百分比，关闭它后将恢复原有光线的长度。激活和关闭"交替射线"按钮的比较如图9-12所示。

激活"交替射线"按钮并将数值设为30

关闭"交替射线"按钮

图9-12　激活和关闭"交替射线"按钮的比较

（2）"变化"选项组用于给镜头效果高光加入随机的变化。

- 激活"大小"按钮，可随机改变每个高光区的尺寸大小。关闭"大小"按钮，每个高光点将是等大的。图9-13所示为激活和关闭"大小"按钮的比较。

激活"大小"按钮　　　　　　　　　关闭"大小"按钮

图9-13　激活"大小"和关闭"大小"按钮的比较

- 激活"角度"按钮可改变每个高光区光线的方向，如图9-14所示。
- 激活"重生成种子"按钮，可强迫使用一个不同的随机数产生新的随机效果。

（3）"旋转"选项组用于控制镜头效果高光根据它们在场景中的相对位置自动旋转。

- 激活"距离"按钮，可在屏幕中前后方向移动高光点的时候自动地旋转每个高光点。移动得越快，它们将会旋转得越快，如图9-15所示。

图9-14　激活"角度"按钮

图9-15　激活"距离"按钮

- 激活"平移"按钮，可在屏幕中上下左右平移高光点的时候自动旋转高光效果，如图9-16所示。

图9-16　激活"平移"按钮

3）"首选项"选项卡

"首选项"选项卡包括"场景"、"距离褪光"、"效果"和"颜色"4个选项组，如图9-17所示。

（1）"场景"选项组包括"影响Alpha"和"影响Z缓冲区"2个复选框。

- 选中"影响Alpha"选项后，当你渲染图像到一个32位色的文件格式的时候，高光设置会影响图形的Alpha值。

图9-17 "首选项"选项卡

- "影响Z缓冲区"决定高光是否影响图像的Z缓冲区。选中这个选项，高光效果离摄像机的距离将被记录下来，以便能在一些可以利用Z缓冲区的特别效果中被使用。

（2）"距离褪光"选项组用于设置"亮度"和"大小"参数。
- 激活"亮度"按钮，可以根据镜头效果高光距摄像机的距离来变化高光效果的亮度。
- 激活"大小"按钮，可以根据镜头效果高光距摄像机的距离来变化高光效果的大小。
- 选中"锁定"选项，可以同步锁定"亮度"和"大小"的数值。

（3）"效果"选项组用于设置"大小"和"点数"参数。
- "大小"数值框用于控制镜头效果高光的尺寸大小，它是以像素为单位计算的。图9-18所示为不同"大小"的比较。

　　　　(a) "大小"为10　　　　　　　　　　　(b) "大小"为30

图9-18 不同"大小"值的比较

- "点数"数值框用于控制镜头效果高光产生的光线的数目。图9-19所示为不同"点数"的比较。

　　　　(a) "点数"为10　　　　　　　　　　　(b) "点数"为30

图9-19 不同"点数"值的比较

（4）"颜色"单选按钮组用于设定高光点的颜色。

- 选择"渐变"单选按钮，会根据"渐变"选项栏来设置镜头效果高光。
- 选择"像素"单选按钮，会根据高光点的像素颜色来创建高光效果。这是系统默认的选项，它的计算速度最快。
- 选择"用户"单选按钮，可根据后面颜色框的颜色来改变高光点的颜色。
- "强度"数值框用于控制高光区的强度或亮度。它的取值范围为 0 ～ 100。图 9-20 所示为不同"强度"值的比较。

(a) "强度"为50　　　　　　　　(b) "强度"为100

图9-20　不同"强度"值的比较

4）"渐变"选项卡

"渐变"选项卡中有"径向颜色"、"径向透明度"、"环绕颜色"、"环绕透明度"和"径向大小"5 条渐变条，如图 9-21 所示。

要在渐变条上增加一个标志块，只需要双击渐变条上相应的位置就可以了；要编辑标志块的颜色也是在标志块上双击；要删除一个标志块，只要将标志块拖动到渐变条的两端最边缘处。

图9-21　"渐变"选项卡

9.2.2　镜头效果光斑

"镜头效果光斑"滤镜可模拟镜头在光源下因反射所造成的光斑效果，如图 9-22 所示。

1. 添加"镜头效果光斑"滤镜的方法

执行菜单中的"渲染|视频后期处理"命令，单击 （添加场景事件）按钮，在弹出的对话框中选择渲染视图，如图 9-23 所示，单击"确定"按钮。然后单击 （添加图像过滤事件）按钮，在弹出的对话框中选择"镜头效果光斑"滤镜，如图 9-24 所示，单击"确定"按钮。

图9-22　"镜头效果光斑"滤镜效果

2. 操作界面

在"队列视图"中双击"镜头效果光斑"滤镜，在弹出的"编辑图像过滤事件"对话框中单击"设置"按钮，进入"镜头效果光斑"设置对话框，然后单击"预览"按钮，预览结果如图 9-25 所示。

图9-23　设置需要的合成视图

图　9-24　选择镜头效果光斑

图9-25　　"镜头效果光斑"对话框

　　光斑特效的设置面板分为左右两部分，左面是总体特性参数，右面则是针对光斑的各个子项目进行具体设置。

　　1）总体特性参数

　　单击"预览"按钮后，在最上面的窗口中预览效果。单击"更新"按钮后，观察窗口内会随时更新效果。单击"VP队列"按钮后，观察窗口内会显示光斑在具体场景中的效果。

　　（1）"镜头光斑属性"选项组可设置"镜头效果光斑"的全局属性。

　　● "种子"数值框中是光斑发生的起始值。

　　● "大小"数值框用于设置"镜头效果光斑"的大小。图9-26所示为不同"大小"值的比较。

（a）"大小"为5　　　　　　　　　　（b）"大小"为20

图9-26　不同"大小"值的比较

- "色调"数值框在选中"全局应用色调"选项后可控制对"镜头效果光斑"应用光源像素的色调的比例。
- "角度"数值框用于设置"镜头效果光斑"旋转的角度。
- "强度"数值框用于控制"镜头效果光斑"的全局亮度和不透明度。
- "挤压"数值框用于控制水平地或垂直地压缩"镜头效果光斑"的大小，为不同的渲染帧的长宽比做比例补偿。比如：如果你为在电视上使用而转换一个电影胶片，应用"挤压"可以使"镜头效果光斑"在屏幕上看起来比例恰当，一个画面宽度为35 mm的胶片的长宽比，远比一般的电视要大得多。前者为16：9，后者为4：3。
- 激活"节点源"按钮后可以在场景中选中一个物体作为光斑的发生源。通常这个源物体是虚拟物体，并不实际渲染。在场景中移动源物体，就能够使光斑跟着移动。

（2）"镜头光斑效果"选项组

"镜头光斑效果"选项组可设置特殊的全局效果，比如衰减、加亮和柔化处理等。

- "亮度"数值框用于设定整个图形的全局亮度。
- 激活"距离褪光"按钮，可在它的数值框设置根据距离摄像机的距离衰减镜头的光斑效果。
- 激活"中心褪光"按钮，可沿着"镜头光斑效果"的主轴衰减次级闪光。
- "距离模糊"数值框可根据与摄像机的距离模糊镜头的光斑效果。
- "模糊强度"数值框可在"距离模糊"被应用的时候设置模糊的强度。
- "柔化"数值框可设置全局的柔化处理效果。图9-27所示为不同"柔化"值的比较。

（a）柔化为0　　　　　　　　　　（b）柔化为10

图9-27　不同"柔化"值的比较

2）选项卡参数

"镜头效果光斑"包括"首选项"、"光晕"、"光环"、"自动二级光斑"、"手动二级光斑"、"射线"、"星形"、"条纹"和"噪波"9
个选项卡。

（1）"首选项"选项卡主要控制光斑各个组成部分
的作用程度，如图9-28所示。其中大部分内容和我们在
前面所提到有很多相似的地方。

- "阻光半径"用于设定透镜闪耀效果从背后穿过一
  个遮挡住它的对象时，对象边缘开始模糊的半径。

- "运动模糊"用于设定在渲染时是否对一个动画的
  透镜闪耀效果使用运动模糊。

图9-28　"首选项"选项卡

- 选中"渲染"下的复选框，相应的组成部分就生效。
- 选中"场景外"复选框，表示光斑在场景外面是否被显示。
- 选中"挤压"复选框，表示相应的光斑组成部分是否被挤压。
- 选中"噪波"复选框，将影响"渲染"的每一个部分的效果。
- "阻光"数值框中设置阻光度。当光斑被物体阻挡住，各个组成部分显示效果的程度。
- "加亮"用于设定光斑效果的亮度。
- "光晕"用于设定光斑效果的主要光晕效果。
- "光环"是指光斑周围的一圈逐渐减弱的光环。
- "自动二级光斑"可用来模拟后一级层次的外围光晕。
- "手动二级光斑"用于手动调整模拟外围光晕。
- "射线"是指从中心放射出的光线。
- "星形"是指光源中心周围的放射状光线轨迹。一个星形效果比射线效果大，且由6个
  或更多的芒角组成，而不像射线那样有数百道的光线。
- "条纹"是指在光源中心的一种水平的光线特效。

图9-29和图9-30所示为设置不同的参数和选项卡使光斑的特性发生变化的效果。

图9-29　参数、选项卡改变前的效果

图9-30　参数、选项卡改变后的效果

（2）"光晕"选项卡可以设置光晕的有关选项，如图9-31所示。

- "大小"用于设定"光晕"的直径，它是以渲染帧画面大小的百分比来计算的。
- "色调"用于设定"光晕的颜色"。
- "隐藏在几何体后"用于将"光晕"效果置于几何体对象背后。

（3）"光环"选项卡用于设置光环的相关选项，如图9-32所示。"厚度"用于指定环的厚度，它控制环从内半径到外半径的距离。图9-33所示为不同厚度值的比较。

图9-31　"光晕"选项卡

图9-32　"光环"选项卡

（a）厚度为50

（b）厚度为10

图9-33　不同厚度值的比较

（4）"自动二级光斑"选项卡用于设置自动二级光斑的相关选项，它的参数面板如图9-34所示。这些光斑是光在照相机镜头中被不同的透镜元件折射所产生的。

- "最小"数值框可控制目前的组中二级光圈的最小尺寸。
- "最大"数值框可控制目前的组中二级光圈的最大尺寸。
- "设置"可选定用来渲染的二级光圈闪耀效果组。
- "轴"数值框用于定义二级闪耀效果的光轴的

图9-34　"自动二级光斑"选项卡

长度。增大这个值，则每个光圈之间的距离增大，反之距离减小，它的取值范围为0～5。

- 选中"启用"复选框可启用这一组自动二级光圈效果。
- 选中"衰减"复选框可启用轴向衰减。
- "数量"数值框可控制出现在当前效果组中的光圈的数目。
- 圆形 用于控制刺激闪耀光圈的形状。默认值是圆形的，可以选择3～8边的光圈效果。

（5）"手动二级光斑"选项卡用于设置手动二级光斑的相关选项，它的参数面板如图9-35所示。"平面"数值框用于控制光源和人工二级光斑之间的距离。正值是在光源之前放置次级光斑效果，而负值则把次级光斑效果放在光源的背后。

（6）"射线"选项卡用于设置射线的相关选项，它的参数面板如图9-36所示。

图9-35　"手动二级光斑"选项卡

图9-36　"射线"选项卡

- "角度"数值框用于设置光线的角度。可以使用光线的正值或者负值，这样在制作动画的时候，光线将沿顺时针或逆时针方向旋转。图9-37所示为不同"角度"值的比较。

（a）"角度"为0

（b）"角度"为30

图9-37　不同"角度"值的比较

- 选中"组"复选框，可将光线分为8个距离、大小都相等的组。图9-38所示为选中"组"前后的比较。
- 选中"自动旋转"复选框，可自动旋转光线的角度。
- "锐化"数值框用于设置光线的尖锐程度。比较高的数目可生成明亮清晰的光线，它的取值范围为0～10。图9-39所示为不同"锐化"值的比较。

未选中"组"选项

选中"组"选项

图9-38 选中"组"选项前后的比较

"锐化"为5

"锐化"为10

图9-39 不同"锐化"值的比较

（7）"星形"选项卡用于设置星形的相关选项，它的参数面板如图9-40所示。

- 选中"随机"复选框，可随机设置芒角在闪耀效果中心的角度间隔。
- "数量"数值框可设定星形效果中芒角的数目，默认为6。
- "宽度"数值框用于设置芒角的宽度。
- "锥化"数值框用于控制星形效果中芒角的锥度，默认值为0。

（8）"条纹"选项卡用于设置条纹的相关选项，它的参数面板如图9-41所示。"轴向对齐"用于强迫"条纹"和二级光斑的光轴对齐。

图9-40 "星形"选项卡

图9-41 "条纹"选项卡

（9）"噪波"选项卡的参数与前面所讲的相同，这里不再重复。

9.2.3 镜头效果光晕

"镜头效果光晕"可以在任何被选定的对象周围增加一个发光的晕圈，如图9-42所示。

图9-42 "镜头效果光晕"效果

1. 添加"镜头效果光晕"滤镜的方法

执行菜单中的"渲染|视频后期处理"命令，单击 ▓（添加场景事件）按钮，在弹出的对话框中选择渲染视图，如图9-43所示，单击"确定"按钮。然后单击 ▓（添加图像过滤事件）按钮，在弹出的对话框中选择"镜头效果光晕"滤镜，如图9-44所示，单击"确定"按钮。

图9-43 设置需要的合成视图

图9-44 选择"镜头效果光晕"

2. 操作界面

在"队列视图"中双击"镜头效果光晕"滤镜，在弹出的"编辑过滤事件"对话框中单击"设置"按钮，进入"镜头效果光晕"设置对话框。然后单击"预览"按钮，预览结果如图9-45所示。

"镜头效果光晕"大部分参数选项卡的内容和含义与"镜头效果高光"都是完全一致的。这里我们就不再重复，下面主要介绍"镜头效果高光"中没有的选项卡——"噪波"选项卡。

"噪波"选项卡通过在"镜头效果光晕"滤镜的R、G、B色彩通道中添加随机噪声，使我们可以创建例如物体发光、爆炸和烟雾等效果。它的参数面板分为"设置"和"参数"两个选项组，如图9-46所示。

（1）"设置"选项组：用于设置"噪波"的种类。

- 单击"气态"，产生的噪波比较柔和，时常用来模拟云和烟雾，如图9-47所示。
- 单击"炽热"，产生的噪波具有明亮而且清晰的边缘，时常用来模拟火焰，如图9-48所示。

图9-45 "镜头效果光晕"对话框

图9-46 "噪波"选项卡

图9-47 "气态"效果

图9-48 "炽热"效果

- 单击"电弧",产生的噪波具有长条状卷曲的边缘,可以用来制作类似弧形闪电的效果,如图9-49所示。
- 单击"重生成种子数"按钮,将重新生成一个随机噪波。
- "运动"数值框用于设定制作噪波动画时,在指定方向上噪波效果移动的速度。
- "方向"数值框用于设置运动的方向。单位为角度,0被定义为指向12点钟的方向。

图9-49 "电弧"效果

- "质量"数值框用于设置噪波效果的质量。数值越高,质量越好。
- "红/绿/蓝"复选框用于设置是否同时使用红色/绿色/蓝色通道或只使用其中某个通道。

(2) "参数"选项组:用于设置"噪波"的参数。

- "大小"数值框用于设定噪波图案的大小。比较小的数值产生小的颗粒状的噪波；比较高的数值产生比较大的更柔和的图案。
- "速度"数值框用于设置随机噪波变化的速度。较高的数值，噪波图案中会产生比较快的变化。
- "基准"数值框用于指定噪波效果的颜色亮度。比较高的值会造成比较明亮的彩色和混乱的效果。比较低的值会造成阴暗的、比较软的效果。
- "振幅"数值框用于控制噪波效果的最大亮度值。
- "偏移"数值框用于设置向彩色范围的某一端偏置颜色。设置为50时没有任何效果。在50以上颜色向比较明亮的方向偏移，在50以下向更黑的方向偏移。
- "边缘"数值框用于控制颜色亮的区域和暗的区域之间的对比度。高的数值产生高的对比度和明确的边缘交界，低的数值值得噪声更加柔和。
- "径向密度"用于噪波效果在直径方向上的透明度。

9.3 实例讲解

本节将通过"制作闪闪发光的魔棒效果"和"制作发光的文字效果"2个实例来讲解视频特效在实践中的应用。

9.3.1 制作闪闪发光的魔棒效果

 要点

　　本例将制作一根闪闪发光的魔棒，如图9-50所示。通过本例的学习，应掌握粒子系统、"粒子寿命"材质和"镜头效果高光"滤镜的综合应用。

图9-50　闪闪发光的魔棒

 操作步骤：

1．创建魔棒

（1）单击菜单栏左侧的快速访问工具栏中的 █ 按钮，然后从弹出的下拉菜单中选择"重置"命令，接着在弹出的对话框中单击"确定"按钮，重置场景。

（2）创建魔棒。方法：单击 ■（创建）面板下的 ■（图形）中的"线"按钮，然后在前视图中绘制魔棒的轮廓图案，接着执行修改器中的"车削"命令，结果如图 9-51 所示。接着赋予其材质，渲染后效果如图 9-52 所示。

图9-51　绘制魔棒轮廓

图9-52　赋予材质后的魔棒

2．创建雪花粒子

单击 ■（创建）面板下的 ■（几何体）中"粒子系统"下拉列表内的"雪"按钮，然后在视图中拖出一个雪花粒子发射器，并设置参数如图 9-53 所示。

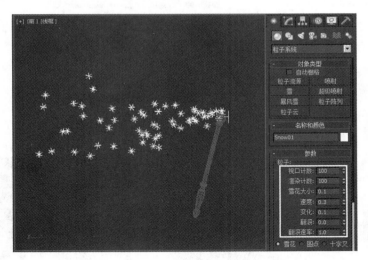

图9-53　创建一个"雪"粒子系统

3．制作雪花材质

（1）单击工具栏上的 ■ 按钮，进入材质编辑器。然后选择一个空白的材质球，将"自发光"选项组中的"颜色"设为100，如图 9-54 所示，再将该材质赋予场景中的雪花粒子。

（2）此时要制作雪花能够随着时间的变化而出现不同的颜色，我们通过"粒子年龄"贴图来实现。设置"粒子年龄"贴图的方法：单击"漫反射颜色"右边的按钮，然后指定给它一个"粒子年龄"贴图，如图 9-55 所示。接着设置"粒子年龄"贴图设置面板，分别将三个颜色窗口设置为不同的颜色，如图9-56所示。最后渲染视图，可以看到雪花粒子在不同的年龄段呈现出不同的颜色，如图9-57所示。

图9-54　编辑自发光参数

图9-55　设置"漫反射颜色"贴图

图9-56　设置"粒子年龄"贴图的颜色

图9-57　渲染后的效果

4．制作雪花粒子高亮特效

（1）选择视图中的"雪"粒子，右击，从弹出的快捷菜单中选择"对象属性"命令，然后在弹出的"对象属性"对话框中将"G缓冲区"选项组中的"对象ID"设置为1，如图9-58所示，单击"确定"按钮。

图9-58 创建一个"雪"粒子系统

（2）执行菜单中的"渲染|视频后期处理"命令，在弹出的设置面板上单击 ■（添加场景事件）按钮，然后在弹出的对话框中将渲染视图设置为"透视"，如图 9-59 所示，单击"确定"按钮。

（3）单击 ■（添加图像过滤事件）按钮，在弹出的对话框中选择"镜头效果高光"，如图 9-60 所示，单击"设置"按钮。然后在弹出的"镜头效果高光"设置对话框中将"对象 ID"设为 1，接着单击"预览"按钮和"VP 队列"按钮就可以看到雪花的高亮效果，如图 9-61 所示。

图9-59 添加场景事件

图9-60 选择"镜头效果高光"

图9-61 设置"镜头效果高光"参数

（4）单击"视频后期处理"工具栏中的 ■（添加图像输出事件）按钮，然后在弹出的"添加场景输出事件"对话框中单击 文件 按钮。再在弹出的对话框中输入文件名称并选择输出类型，单击"确定"按钮，结果如图9-62所示。

图9-62 "视频后期处理"对话框

（5）单击"视频后期处理"工具栏中的 ✗（执行序列）按钮，然后在弹出的"视频后期处理"对话框中进行设置，如图9-63所示，单击"渲染"按钮，即可输出文件，生成的最终效果如图9-64所示。

图9-63 "执行视频后期处理"对话框

图9-64 添加镜头效果高光后的魔棒效果

提示

  "镜头效果高光"在调节时的预视效果不能作为最后效果的参考，因为它是针对像素进行计算的，而预览窗口图像的尺寸只有320×240像素左右大小。实际渲染时，只有在渲染320×240像素的图像进效果才会与预览窗口相符，而其他尺寸则会相应发生变化，如实际渲染640×480像素，产生光芒的区域与预览窗口相比会增多，光芒的数量也会增多。最后效果的确定要以实际尺寸的渲染为准。

9.3.2 制作发光的文字效果

要点

  本例将制作发光字效，如图9-65所示。通过本例的学习，应掌握目标聚光灯、"路径变形（WSM）"修改器和"镜头效果光晕"滤镜的综合应用。

图9-65 发光的文字效果

操作步骤：

1．制作文字动画

（1）单击菜单栏左侧的快速访问工具栏中的 按钮，然后从弹出的下拉菜单中选择"打开"命令，打开配套资源中的"素材及结果 \9.3.2　制作发光文字效果 \ 发光文字源文件 .Max"文件，如图 9-66 所示。

（2）将总帧数调到 200 帧、PAL 制。方法：在动画控制区中单击 （时间配置）按钮，然后在弹出的"时间配置"对话框中进行设置，如图 9-67 所示，单击"确定"按钮。

图9-66　"发光文字源文件.Max"文件

图9-67　设置"时间配置"参数

（3）单击 （创建）面板下 （几何体）中的 圆柱体 按钮，在左视图中建立一个"圆柱体"，半径设为 1，高度设为 400，高度分段设为 200，其他使用默认值即可，结果如图 9-68 所示。

图9-68　在顶视图中创建一个圆柱体

　提示

　　如果图形简单，可以适当减小高度分段数；如果很复杂，200（最大值）仍无法满足要求，可以通过放样的方法来制作，或将多个圆柱体"附加"结合在一起。

（4）执行修改器下拉列表中的"路径变形（WSM）"命令，单击"拾取路径"按钮后拾取视图中文字"3"图形轮廓。然后单击"转到路径"按钮，结果圆柱体被放置在轮廓线上，如图9-69所示。

图9-69　将圆柱体绑定到文字"3"图形轮廓上

（5）将"拉伸"值设为0，拨动时间滑块至80帧，激活"自动关键点"按钮。然后将"拉伸"值设为0.75，这时应该正好将轮廓封闭。接着关闭"自动关键点"按钮，拨动滑块看一下伸展效果，如图9-70所示。

图9-70　制作伸展动画

（6）制作"D"的方法同"3"的制作方法一样。因"3"属于单轮廓图形，而"D"的轮廓是两个图形，所以需将其分离为两个独立的物体。为了先出现"3"再出现"D"，需将"D"外轮廓的动画开始帧设置为80帧，结束帧设置为160帧。再将"D"内轮廓的动画开始帧设置为160帧，结束帧设置为200帧。

2．为3D赋予光晕特效

（1）赋予文字"3D"不同轮廓相应的对象ID号。右击文字"3"，从弹出的快捷菜单中选择"对象属性"命令，然后在弹出的"对象属性"面板中将"G缓冲区"选项组中的"对象ID"设置为1，如图9-71所示，单击"确定"按钮。同理，将"D"外轮廓的"对象ID"设置为2，将"D"内轮廓的"对象ID"设置为3。

（2）设置文字"3"的镜头光晕效果。方法：执行菜单中的"渲染|视频后期处理"命令，在弹出的设置面板上单击 （添加场景事件）按钮，将渲染视图设置为"透视"，如图9-72所示，单击"确定"按钮。接着单击 （添加图像过滤事件）按钮，在弹出的"添加图像过滤事件"对话框中选择"镜头效果光晕"，如图9-73所示，单击"确定"按钮，此时"视频后期处理"面板如图9-74所示。

图9-71　将"对象ID"设置为1

图9-72　添加场景事件

图9-73　选择镜头效果光晕

图9-74　"视频后期处理"面板

（3）在"视频后期处理"面板中双击添加的"镜头效果光晕"，然后在弹出的"编辑过滤事件"对话框中单击"设置"按钮，如图9-75所示。接着在弹出的"镜头效果光晕"对话框中的"属性"选项卡中将"对象ID"设为1，再单击"预览"按钮和"VP队列"按钮，效果如图9-76所示，即可看到文字"3"上的光晕效果。

（4）此时光晕效果过于明显，下面在"首选项"选项卡中将"大小"设为1，再单击"更新"按钮，效果如图9-77所示。

（5）设置文字"D"外轮廓的镜头光晕效果。方法：在"视频后期处理"面板中单击 （添加图像过滤事件）按钮，再次添加一个"镜头效果光晕"效果，此时"视频后期处理"面板如

图9-75　单击"设置"按钮

图9-78所示。然后设置该镜头效果光晕的"对象ID"设为2，"大小"设为1，再单击"预览"按钮和"VP队列"按钮，即可看到文字"D"外轮廓的光晕效果，效果如图9-79所示。

图9-76　设置"属性"参数

图9-77　设置"首选项"参数

图9-78　"视频后期处理"面板

（6）设置文字"D"内轮廓的镜头光晕效果。方法：在"视频后期处理"面板中单击 （添加图像过滤事件）按钮，再次添加一个"镜头效果光晕"效果，此时"视频后期处理"面板如图9-80所示。然后设置该镜头效果光晕的"对象ID"设为3，"大小"设为1，再单击"预览"

按钮和"VP队列"按钮，即可看到文字"D"外轮廓的光晕效果，效果如图9-81所示。

图9-79 设置第2个"镜头效果光晕"参数

图9-80 "视频后期处理"面板

图9-81 设置第3个"镜头效果光晕"参数

（7）至此，文字"3D"的镜头效果光晕基本制作完毕，但是此时在文字"3"发光的同时，文字"D"的内外轮廓也会发光，如图9-82所示。下面就来解决这个问题。方法：在"视频后期处理"面板中将第2个"镜头效果光晕的"起点设为80帧，将第3个"镜头效果光晕的"起点设为160帧，如图9-83所示。

图9-82　文字"3D"同时发光的效果

图9-83　调整"镜头效果光晕"的时间

（8）在"视频编辑工具栏"中单击 █（添加图像输出事件）按钮，在弹出的对话框中设定文件名、存储位置及格式等，再单击 █（执行序列），稍后生成最终的效果，如图9-84所示。

图9-84　霓红灯动画效果

课 后 练 习

1．填空题

（1）"视频后期处理"面板分为 5 个区域，它们分别是＿＿＿＿、＿＿＿＿、＿＿＿＿、＿＿＿＿和＿＿＿＿。

（2）使用＿＿＿＿滤镜，可以制作出吊灯的金属边缘闪闪发光的效果。

2．选择题

（1）3ds Max 2016 中共有＿＿＿＿种滤镜特效。

    A．9   B．10   C．11   D．12

（2）利用＿＿＿＿滤镜可以产生图 9-85 所示的效果。

    A．镜头效果高光   B．镜头效果光斑   C．镜头效果光晕   D．镜头效果焦点

图9-85 滤镜效果

3．问答题/上机题

（1）简述"镜头效果高光"和"镜头效果光斑"滤镜的使用方法。

（2）练习 1：制作图 9-86 所示的星光效果。

（3）练习 2：制作图 9-87 所示的礼花绽放效果。

图9-86 练习1效果

图9-87 练习2效果

第10章

综合实例——制作京剧服饰的卡通玩具

通过前面9章的学习，大家已经掌握了 3ds Max 2016 的建模、材质、灯光和摄像机的基础知识。本章将综合利用前面各章的知识制作一个京剧服饰的卡通玩具，如图 10-1 所示。旨在帮助读者举一反三、快速掌握 3ds Max 2016 在实际工作中的应用。

图10-1　制作京剧服饰的卡通玩具

10.1　制作模型的主体结构

（1）单击菜单栏左侧的快速访问工具栏中的█按钮，然后从弹出的下拉菜单中选择"重置"命令，接着在弹出的对话框中单击"确定"按钮，重置场景。

（2）单击█（创建）命令面板中的█（几何体）按钮，进入几何体面板，然后单击█████按钮，再在左视图里创建一个球体，如图 10-2 所示。然后右击该球体对象，在弹出的快捷菜单中选择"转换为|转换为可编辑多边形"命令，将球体转换为可编辑多边形对象。

（3）进入█（修改）面板中的可编辑多边形对象的█（顶点）层级，然后选中所有的顶点，利用工具栏中█（选择并匀称缩放）工具，在透视视图中沿 X 轴方向对这些顶点进行放大，如图 10-3 所示。

图10-2 在左视图中创建球体

图10-3 缩放效果

（4）选中图10-4中所示的对象两端的顶点，再次利用 ▦（选择并匀称缩放）对其进行缩小，从而完成头部基本形状的调整。

图10-4 选择顶点并缩放

（5）在顶视图中创建圆锥体，并将其放置到合适的位置，用来当作躯干的模型，如图10-5所示。

（6）为了在透视图中便于观看，下面按下【F4】键打开边面的显示状态。

（7）为了节省资源，下面将圆锥体转换为可编辑的多边形，然后进入 ▦（多边形）层级，选中圆锥体的底面，如图10-6所示，再按住【Ctrl】键加选圆锥体的顶面，最后按下【Delete】键将它们删除。

图10-5 创建圆锥体

图10-6 选中圆锥体的底面

（8）再创建一个小一些的圆锥体，用来当作模型的手臂，如图10-7所示。

图10-7　创建一个圆锥体作为模型的手臂

（9）利用工具栏中的 ⊕（选择并移动）和 ◯（选择并旋转）工具，将手臂放到合适的位置。因为最终会有衣服遮挡，所以只需制作露出来的部分即可，如图10-8所示。

图10-8　调整手臂的位置和角度

（10）再次创建一个圆锥体，作为靴子的基本模型，如图10-9所示。然后右击新创建的圆锥并将其转换为可编辑多边形对象。

（11）进入可编辑多边形对象的 ⚬（顶点）层级，然后框选圆锥最下层所有的顶点，利用工具栏中 █（选择并匀称缩放）工具对其进行缩小。同理将上面三层顶点也进行缩小，结果如图10-10所示。接着将上面三层顶点向后移动，从而形成靴子的形状，如图10-11所示。

图10-9 创建一个圆锥体作为靴子的基本模型

图10-10 缩放顶点

图10-11 移动顶点的位置从而形成靴子的形状

（12）进一步调整靴子的形状，如图 10-12 所示。

图10-12 进一步调整靴子的形状

（13）在前视图创建一个平面对象，将其放置在头部的一侧，以便以后制作耳朵。

（14）至此，模型的大体结构制作完成，效果如图 10-13 所示。

图10-13　模型的大体结构

10.2　制作头部环形的装饰模型

（1）进入头部模型的 ◁ （边）的层级，然后选中图 10-14 所示的一条边。然后单击 `循环` 按钮（快捷键【Alt+L】），从而选择所有连续的边，如图 10-15 所示。

图10-14　选择一条边

图10-15　选择循环边

（2）在 3ds Max 中选择一条边，然后单击 `循环` 按钮，可以一次性将球体水平（纬度）方向的边全部选中，而对于垂直（经度）方向的边，则只能选择球体的一半。如果需要选择球体另一半垂直（经度）方向的边，则需再次选择，本例就属于这种情况。下面手工选择与之前连续的的另一侧的一条边，然后再次 `循环` 按钮（快捷键【Alt+L】），如图 10-16 所示，从而将球体另一半的边同时选中。

图10-16　选择另一侧的一条边单击"循环"按钮

（3）在确定了一圈的边全部被选中了之后，单击面板中 利用所选内容创建图形 按钮，如图10-17所示。然后在弹出的创建图形对话框中选择"线性"的类型，如图10-18所示，单击"确定"按钮。

图10-17　单击"利用所选内容创建图形"按钮

图10-18　选择"线性"单选按钮

（4）将刚刚创建的曲线选中，然后右击，从弹出的快捷菜单中选择"隐藏未选定对象"命令，如图10-19所示，从而将其余模型进行隐藏。

（5）在顶视图创建一个长方体，并将长方体的"宽度分段"设置成 40，如图 10-20 所示。

图10-19　选择相应命令

图10-20　创建长方体

（6）将长方体转换为可编辑的多边形，然后进入▦（多边形）层级，框选长方体最上面的一排多边形，接着单击 挤出 右侧的▦按钮，在弹出的"挤出多边形"对话框中进行设置，如图 10-21 所示，单击◎按钮确认操作。最后使用工具栏中的▦（选择并匀称缩放）工具沿 X 轴缩小这些面，结果如图 10-22 所示。

图10-21　设置"挤出多边形"参数

图10-22　沿X轴缩小这些面

（7）进入◁（边）层级，然后选中图 10-23 所示的边，单击 环形 按钮，从而选择环形边，如图 10-24 所示。接着单击 连接 右侧的▦按钮，在弹出的"连接边"对话框中进行设置，效果如图 10-25 所示，单击◎按钮确认操作。

图10-23　选择边

图10-24　选择环形边

（8）进入▣（多边形）层级，框选下面的一组多边形，如图 10-26 所示。然后单击 挤出 右侧的 ▣ 按钮，接着在弹出的"挤出多边形"对话框中进行设置，效果如图 10-27 所示，单击 ☑ 按钮确认操作。最后再次单击▣（多边形）按钮，退出此对象层级。

（9）执行修改器下拉列表中的"路径变形"命令，然后单击 拾取路径 按钮后拾取视图中的图形对象，如图 10-28 所示。此时可以看到多边形物体沿路径变形形成了头饰的造型，如图 10-29 所示。

图10-25　连接边效果

图10-26　选择多边形

图10-27　挤出"局部法线"效果

图10-28　单击"拾取路径"按钮后拾取视图中的图形对象

图10-29　头饰效果

（10）取消隐藏以显示出其他的模型，并适当地调整头饰模型的位置和颜色，如图10-30所示。

（11）将头饰模型转换为可编辑的多边形对象，然后右击，从弹出的快捷菜单中选择"NUR-MS切换"命令，从而对模型进行平滑处理，结果如图10-31所示。

图10-30　调整头饰模型的位置和颜色　　　　图10-31　对模型进行平滑处理

10.3　制作头饰球形的装饰模型

（1）在顶视图创建一个球体，球体的大小如图10-32所示。然后在前视图中选择创建的球体，执行菜单中的"工具|阵列"命令，在弹出的"阵列"对话框中进行设置，如图10-33所示，单击"确定"按钮，结果如图10-34所示。

图10-32　在顶视图中创建球体

图10-33　设置阵列参数　　　　　　　　　　图10-34　阵列效果

（2）为了便于管理，下面选中阵列产生的 4 个球体，执行菜单中的"组 | 组"命令，然后在弹出的"组"对话框中进行设置，如图 10-35 所示，单击"确定"按钮。接着将成组后的模型旋转一定角度。

（3）利用工具栏中的 （选择并移动）工具，配合键盘上的【Shift】键，复制出 3 个模型，然后适当调整角度后，将 4 个模型再次成组。

（4）利用工具栏中的 （镜像）工具将成组后的模型沿 X 轴镜像到另一侧，结果如图 10-36 所示。

图10-35　设置"组"参数　　　　　图10-36　将成组后的模型沿X轴镜像到另一侧

（5）头饰中间的部分做法和上述步骤一致，在此不再叙述。至此，头饰球形的装饰模型制作完成，结果如图 10-37 所示。

图10-37　头饰球形部分的模型效果

10.4　制作衣服模型

（1）在左视图创建一个圆柱体作为左侧衣袖的基础模型，如图 10-38 所示。

图10-38　创建圆柱体

（2）将这个圆柱体转换为可编辑的多边形对象，然后进入 ▣（多边形）层级，选中圆柱体的上下底面后，按【Delete】键进行删除。接着选中图10-39中所示的多边形后，进入 ⋯（顶点）层级，调整顶点的位置，如图10-40所示。最后右击，从弹出的快捷菜单中选择"NURMS 切换"命令，对其进行平滑处理。

图10-39　选择多边形

图10-40　调整顶点的位置

（3）制作衣物的厚度感。方法：执行修改器下拉列表中的"壳"命令，参数设置及效果，如图10-41所示。

图10-41　设置"壳"参数及效果

（4）同理，制作另一侧的衣袖，然后复制出另一侧手臂，并调整角度，如图10-42所示。

（5）制作胸前的装饰。方法：选中身体的模型，执行菜单中的"编辑|克隆"命令，然后在弹出的对话框中进行设置，如图10-43所示，单击"确定"按钮。

图10-42　制作另一侧的衣袖和手臂

图10-43　选择"复制"单选按钮

（6）选中新复制的身体模型，进入▣（多边形）层级，然后选择图10-44所示的多边形，按【Delete】键进行删除。同理，选择图10-45所示的两个多边形，也进行删除。接着进入⚬（顶点）层级，调整顶点的位置，如图10-46所示。最后执行修改器下拉列表中的"壳"命令，从而制作出厚度感，再赋予其一个蓝色材质以便区分，效果如图10-47所示。

图10-44　选择多边形

图10-45　选择多边形

图10-46　调整顶点的位置

图10-47　制作出厚度感

（7）制作护心镜。方法：在前视图创建一个圆柱体，如图10-48所示。然后执行修改器下拉列表中的"FFD 4×4×4"命令，接着进入"控制点"级别，调整上下两排控制点的位置，使之贴近身体，如图10-49所示。最后复制一个该模型放置到身体另一侧。

图10-48　创建圆柱体

图10-49　调整控制点的位置

（8）制作胸前衣服模型。方法：在顶视图创建一个圆柱体，如图10-50所示。然后将其转换为可编辑的多边形后，进入■（多边形）层级，选中圆柱体的上下底面进行删除，如图10-51所示。接着进入⊡（顶点）层级，调整顶点的位置。如图10-52所示。最后使用"NURMS切换"对其进行平滑处理，再将其移动到适当位置，结果如图10-53所示。

图10-50　创建圆柱体

图10-51　删除上下顶面

图10-52　调整顶点的位置

图10-53　对胸前衣服模型进行平滑处理后的效果

（9）制作袍子模型。方法：在顶视图创建一个圆锥体，并将其移动到适当到适当位置，如图10-54所示。然后将圆锥体转换为可编辑多边形之后，删除它的上下底面，以及侧面的一些多边形，如图10-55所示。接着对其进行平滑处理后，再执行修改器下拉列表中的"壳"命令，对其添加一个厚度，结果如图10-56所示。最后制作出正面袍子模型，如图10-57所示。

图10-54　创建圆锥体

图10-55　删除多余的多边形

图10-56　对袍子模型进行平滑处理后的效果

图10-57　制作出正面袍子模型

10.5　锤子和旗子的制作

（1）制作锤子。方法：在顶视图创建一个球体作为锤头，然后 再创建一个圆柱体当作锤柄，接着利用工具栏中的 ■（对齐）工具将两者进行对齐，结果如图10-58所示。最后同时选择锤头和锤柄模型，执行菜单中的"组|组"命令，将它们组成一个"锤子"组。

（2）制作旗杆顶部尖状模型。方法：在前视图利用线工具绘制一个由3个点构成的样条线，并调整形状如图10-59所示。然后执行修改器下拉列表中的"车削"命令，参数设置及效果如图10-60所示。

图10-58　创建锤子

图10-59　绘制线　　　　　　　　　　　　图10-60　　车削效果

　　（3）制作旗杆樱穗模型。方法：在顶视图创建一个星形，如图 10-61 所示。然后在前视图绘制一条直线，如图 10-62 所示。接着以直线为路径放样星形，结果如图 10-63 所示。

图10-61　　在顶视图中创建一个星形

图10-62　　在前视图绘制一条直线　　　　　　　图10-63　　放样效果

　　（4）对放样后的对象进行缩放变形处理。方法：进入 （修改）面板，单击"变形"卷展栏中的 缩放 按钮，打开"缩放变形"面板，如图 10-64 所示。然后将右边的点向下移动，如图 10-65 所示。接着单击 （插入角点）按钮，在曲线的中部添加一个点，再右击该点，将此顶点的类型转换为"Bezier- 平滑"，如图 10-66 所示。最后调整曲线的形状如图 10-67 所示，结果如图 10-68 所示。

图10-64 打开"缩放变形"面板

图10-65 将右边的点向下移动

图10-66 在曲线的中部添加一个点

图10-67 调整曲线的形状

图10-68 调整缩放变形曲线后的模型效果

（5）对放样后的对象进行扭曲变形处理。方法：单击"变形"卷展栏中的 扭曲 按钮，打开"扭曲变形"面板。然后将右边的点向下移动，如图 10-69 所示。此时这条曲线的形态将控制放样对象的扭曲形态，如图 10-70 所示。

图10-69 将右边的点向下移动

图10-70 调整扭曲变形曲线后的模型效果

（6）对扭曲变形后的对象进行弯曲处理。方法：执行修改器下拉列表中的"弯曲"命令，参数设置及效果如图 10-71 所示。

（7）在顶视图中创建一个圆柱体，作为旗杆主体模型。

（8）至此旗杆模型的3个部分的制作已经基本完成，下面利用▦（对齐）命令将它们进行对齐，然后利用菜单中的"组|组"命令，将它们组合成一个"旗杆"组，如图10-72所示。

图10-71　弯曲效果　　　　　　　　　　　　图10-72　组合旗杆模型

（9）制作旗帜。方法：选择▦（创建）面板中的◯（几何体）下拉列表中的"面片栅格"选项，如图10-73所示。然后单击 四边形面片 按钮，在前视图创建一个四边形面片，如图10-74所示。接着右击，从弹出的快捷菜单中选择"转换为|转换为可编辑面片"命令，从而将其转换为可编辑面片物体。

图10-73　选择"面片栅格"选项

图10-74　创建面片栅格

（10）进入可编辑面片的▦（顶点）层级，然后调整点的位置以及Bezier句柄，如图10-75所示。

（11）将制作完成的旗子的各个部件一起选中，然后执行菜单中的"组|组"命令，将它们成组，如图10-76所示。

图10-75 调整点的位置以及Bezier句柄

（12）利用工具栏中的 工具，配合键盘上的【Shift】键复制 3 面旗帜，并放置到适当位置，如图 10-77 所示。

图10-76 将旗帜成组

图10-77 复制3面旗帜并调整其位置

（13）最后来完成手部模型的制作。方法：在顶视图中创建一个球体，然后利用工具栏中的 工具沿 Y 轴将其放大，如图 10-78 所示。接着将手部模型和锤子模型复制一个并放置到合适的位置上。至此，卡通玩具模型部分制作完成，如图 10-79 所示。

图10-78 沿Y轴放大球体

图10-79 卡通玩具模型的整体效果

10.6　为模型赋予材质

（1）单击工具栏中的 ▨（材质编辑器）按钮（快捷键【M】），进入材质编辑器。然后选择一个空白的材质球并起名为"脸"。接着将该样本球拖动到头部模型上，即将该材质赋予头部模型。

（2）单击漫反射后的 ■ 按钮，从弹出的"材质／贴图浏览器"对话框中选择"衰减"贴图类型，如图10-80所示，然后单击"确定"按钮，进入"衰减"贴图参数设置面板。

图10-80　指定给漫反射一个"衰减"贴图类型

（3）在"衰减"贴图参数设置面板单击第一个颜色的贴图按钮，然后在弹出的"材质／贴图浏览器"对话框中选择"位图"贴图类型，如图10-81所示，单击"确定"按钮。接着在弹出的"选择位图图像文件"对话框中选择配套资源"素材及结果＼第10章　综合实例——制作京剧服饰的卡通玩具＼face.jpg"图像文件，如图10-82所示，单击"打开"按钮。

图10-81　指定给第一个颜色块一个"位图"贴图类型

图10-82　选择"face.jpg"文件

（4）在"衰减"贴图参数设置面板中单击第二个颜色按钮，然后将"红绿蓝"的数值分别调整为195，120，145，如图10-83所示。

（5）为了便于观看效果，下面激活材质编辑器工具栏中的 （在视图中显示标准纹理）按钮，在视图中显示贴图，效果如图10-84所示。

图10-83　设置颜色

图10-84　在视图中显示贴图

（6）在材质编辑器中再选择一个空白的材质球，起名为"旗帜"。然后将该材质赋予视图中的旗子模型。接着在"明暗器基本参数"栏中选择"Oren-Nayar-Blinn"，将材质的"漫反射级别"调整到165，"自发光"调整为25；"高光级别"调至50。接着单击漫反射后的■按钮，指定给它配套资源"素材及结果＼第10章　综合实例——制作京剧服饰的卡通玩具＼p11.jpg"图像文件，再单击"高光级别"后面的■按钮，指定给它配套资源"素材及结果＼第10章　综合实例——制作京剧服饰的卡通玩具＼p111.jpg"图像文件，如图10-85所示。

图10-85　指定漫反射和高光级别贴图

（7）展开"贴图"卷展栏，将刚添加的高光贴图拖动到"不透明度"后面的贴图按钮上，然后在弹出的对话框中选择"复制"的方式，如图 10-86 所示。接着指定给"凹凸"右侧贴图按钮一个"噪波"贴图类型，并将噪波贴图的类型更改为"分形"，大小调整为 1.0，如图 10-87 所示。

图10-86　选择"复制"单选按钮　　　　图10-87　指定"不透明度"和"凹凸"贴图

（8）为了便于观看旗子的材质效果，下面按【F9】键进行渲染，结果如图 10-88 所示。

（9）在材质编辑器中再选择一个空白的材质球，起名为"叶子"。然后单击漫反射右侧的■按钮，指定给它配套资源"素材及结果 \ 第 10 章　综合实例－制作京剧服饰的卡通玩具 \lv.jpg"图像文件。接着单击不透明度右侧的■按钮，指定给它配套资源"素材及结果 \ 第 10 章　综合实例——制作京剧服饰的卡通玩具 \lvm.jpg"图像文件，如图 10-89 所示。

（10）为了便于观看叶子装饰物的材质效果，下面按【F9】键进行渲染，结果如图 10-90 所示。

图10-88　渲染后效果

（11）再选择一个空白的材质球，起名为"袖子"材质，然后指定给漫反射右侧■贴图按钮一张"素材及结果 \ 第 10 章　综合实例——制作京剧服饰的卡通玩具 \cl2.jpg"图像文件，如图 10-91 所示。

图10-89　制作叶子材质

图10-90　渲染效果

图10-91　制作袖子材质

（12）分别为衣服的各个部分添加相应的材质贴图，如图10-92所示。

（13）再选择一个空白的材质球，起名为"锤子"，然后指定给漫反射右侧■贴图按钮一张"素材及结果＼第10章 综合实例——制作京剧服饰的卡通玩具＼hm.jpg"图像文件，如图10-93所示。

（14）再选择一个空白的材质球，起名为"头部装饰小球"，然后将该材质赋予小球模型。接着指定给漫反射右侧■贴图按钮一个"衰减"贴图类型，并设置在衰减贴图中选择第一个颜色，将其"红绿蓝"数值改为230，220，100；选择第二个颜色，将其"红绿蓝"数值改为255，255，180，如图10-94所示。

图10-92　分别为衣服的各个部分添加相应的材质贴图

图10-93　选择hm.jpg

（15）细心地完成模型各个部位的材质贴图的设置，再为玩具模型添加一个底座并进行灯光的设置，完成后进行最终渲染，效果如图 10-95 所示。

图10-94　设置头部装饰小球材质

图10-95　最终渲染效果

课 后 练 习

制作 F-18 战斗机效果，如图 10-96 所示。

图10-96　练习效果